世界国防科技年度发展报告（2018）

战略威慑与打击领域科技发展报告

ZHAN LUE WEI SHE YU DA JI LING YU KE JI FA ZHAN BAO GAO

中国核科技信息与经济研究院

国防工业出版社

·北京·

图书在版编目（CIP）数据

战略威慑与打击领域科技发展报告/中国核科技信息与经济研究院编．—北京：国防工业出版社，2019．4
（世界国防科技年度发展报告．2018）
ISBN 978-7-118-11883-4

Ⅰ．①战…　Ⅱ．①中…　Ⅲ①战略武器—科技发展—研究报告—世界—2018　Ⅳ．①E92

中国版本图书馆 CIP 数据核字（2019）第 127472 号

战略威慑与打击领域科技发展报告

编　　者　中国核科技信息与经济研究院
责任编辑　汪淳　王鑫
出版发行　国防工业出版社
地　　址　北京市海淀区紫竹院南路 23 号　100048
印　　刷　天津嘉恒印务有限公司
开　　本　710×1000　1/16
印　　张　13½
字　　数　154 千字
版 印 次　2019 年 4 月第 1 版第 1 次印刷
定　　价　83.00 元

《世界国防科技年度发展报告》（2018）编委会

《战略威慑与打击领域科技发展报告》

编辑部

主　　编　潘启龙

副主编　王　颖

编　　辑　孙晓飞

《战略威慑与打击领域科技发展报告》

审稿人员（按姓氏笔画排序）

王　超　王　颖　王文盛　王春芬
许春阳　孙晓飞　李　梅　李向阳
李德顺　侯　勤　张　莉　康春梅

撰稿人员（按姓氏笔画排序）

马秀红　王　飞　王希珍　王旺能
吕琳琳　许　伟　许春阳　孙晓飞
李　梅　李乐工　李宗洋　汪　恒
汪先府　宋　岳　张　莉　武战国
周　明　胡鸣怡　郭　纲　郭吉兰
康春梅　彭丽霞　葛爱东　董　露
蔡　莉　戴艳丽

编写说明

科学技术是军事发展中最活跃、最具革命性的因素，每一次重大科技进步和创新都会引起战争形态和作战方式的深刻变革。当前，以人工智能技术、网络信息技术、生物交叉技术、新材料技术等为代表的高新技术群迅猛发展，波及全球、涉及所有军事领域。智者，思于远虑。以美国为代表的西方军事强国着眼争夺未来战场的战略主动权，积极推进高投入、高风险、高回报的前沿科技创新，大力发展能够大幅提升军事能力优势的颠覆性技术。

为帮助广大读者全面、深入了解世界国防科技发展的最新动向，我们以开放、包容、协作、共享的理念，组织国内科技信息研究机构共同开展世界主要国家国防科技发展跟踪研究，并在此基础上共同编撰了《世界国防科技年度发展报告》(2018)。该系列报告由综合动向分析、重要专题分析和附录三部分构成。旨在通过跟踪研究世界军事强国国防科技发展态势，理清发展方向和重点，形成一批具有参考使用价值的研究成果，希冀能为实现创新超越提供有力的科技信息支撑。

由于编写时间仓促，且受信息来源、研究经验和编写能力所限，疏漏和不当之处在所难免，敬请广大读者批评指正。

军事科学院军事科学信息研究中心
2019 年 4 月

前　言

2018 年，国际安全形势发生重大变化，特朗普政府发布了新版《核态势评估》报告，对核政策做出了重大调整，核武器作为国家安全战略基石的地位更加凸显。跟踪和分析国外战略威慑与打击力量科学技术发展，掌握国外战略威慑发展态势，为推进我国核威慑力量技术发展与能力建设提供借鉴和参考，具有重要意义。

本书内容主要包括国外战略威慑与打击力量科技发展战略规划、核武器及其投送、常规远程精确打击、快速全球打击技术，核工业等领域科技发展，为读者了解国外战略威慑与打击力量科技发展动态提供参考。本书分为三部分：综合动向分析部分系统归纳和总结了 2018 年国外战略威慑与打击力量科技的发展；重要专题分析部分针对领域内重要科技进展、热点问题等进行深入研究和讨论；附录则是对 2018 年上述领域发生的主要事件和重要进展进行梳理，供读者检索和参考。

本书由中国核科技信息与经济研究院牵头，组织中国工程物理研究院科技信息中心、96658 部队共同完成。在此对在本书编写过程中提供支持和帮助的领导和专家表示诚挚感谢！由于水平有限，书中错误和疏漏之处敬请批评指正。

编者

2019 年 3 月

目　录

综合动向分析

重要专题分析

附录

ZONG HE

DONG XIANG FEN XI

综合动向分析

2018 年战略威慑与打击领域科技发展综述

2018 年，国际安全形势发生了重大变化，美国对核政策做出了重大调整，更加凸显核武器作为国家安全战略基石的地位。俄罗斯、英国、法国等国家也发布了新型核武器或进一步加强核力量建设，大力推进核武器及运载工具现代化。主要核国家积极开发核材料生产新工艺和储存方法，发展和建设新型海军核动力装备，为深空探测和载人航天积极发展空间核动力技术。国际社会对核安全愈加重视，积极探索新的防扩散技术；美俄博弈，双边核裁军逐渐进入僵持状态。美国、俄罗斯、法国、印度等国家出台政策并大力支持先进核能技术发展。

一、国际核态势发生重要变化，美俄进一步加强核威慑力量建设

2018 年，美国新版《核态势评估报告》大幅调整核战略与政策，俄罗斯总统在年度国情咨文中也强调了核武器使用政策。国际核态势发生了重要变化。

与 2010 年版报告相比，美国特朗普政府发布的新版《核态势评估》报

告在安全环境判定、核威慑战略、核武器运用政策、核力量发展政策等方面都有重大变化，将对世界核态势产生重大而深远影响。报告认为，国际安全环境急剧恶化，美国面临的威胁更复杂多变，将俄中列为第一类威胁来源；在核武器地位与作用上，提出核力量在慑止核与非核攻击、给盟国提供延伸威慑等四个方面发挥重要作用，强调核力量在国家安全中的重要性和独特性；在威慑战略上，采取定制战略应对不同威胁，提高战略的灵活性、多样性、适应性；在核力量建设上，对现有核力量延寿升级，同时全面推进“三位一体”核力量更新换代，扩大核力量和核武器基础设施投资；在打击核恐怖主义与核军控上，继续打击核恐怖主义，在国际核军控上态度消极，可参加安全且可核查、可执行的军控协议。

作为对美国核战略将俄罗斯作为核威慑主要对象的回应，2018 年 3 月，俄罗斯总统普京发布国情咨文，重申了俄罗斯的核武器使用政策，即俄罗斯有权使用核武器，用于应对针对俄罗斯和其盟友的核攻击，大规模杀伤性武器攻击以及威胁国家存亡的常规侵略；任何对俄罗斯及盟国使用核武器，无论威胁大小，都会被视为核攻击，并将立即遭受报复性打击，同时强调俄罗斯开发新型战略武器系统是对美国单方面退出《反弹道导弹条约》并建立全球反导系统的回应，反制意图明显。普京在国情咨文中总结了俄罗斯过去几年在内政、外交、国防等领域的成绩，并对未来发展提出了一系列新的目标和规划。自 1993 年以来，俄罗斯总统发布国情咨文是惯例，但 2018 年格外引人关注，主要原因是它用了较大较大篇幅，并配合视频，阐述了核武器等装备的现代化进展，着重展示了正在研制的6 种最新战略武器装备，其中至少4 种是核武器装备（核动力巡航导弹、可携带核弹头的核动力无人潜航器、重型洲际弹道导弹“萨尔马特”和核常兼备的高超声速导弹）。

二、国外主要核武器国家大力推动核武器现代化建设

2018 年，美国、俄罗斯、英国、法国等主要核武器国家进一步加强核武器现代化建设，研发新型核弹头与战略弹道导弹。美国核武库全面现代化计划顺利推进，核武器安全、安保、可靠性持续加强，并且未来将研制两种新型低当量核武器，意在提高核力量的多样性和灵活性。俄罗斯继续加强以生存和突防为牵引的核力量现代化与更新换代，并且高调宣布正在研制具有强大突防能力的 5 种新型战略核武器。

（一）美国加大投入推动核力量现代化，发展新型低威力核武器

美国正在实施一系列核弹头现代化工作，核武器综合性能不断提升。核弹头现代化可以延长武库寿命，提高武库的安全和安保性，满足新的军事需求。美国 2018 财年加大了支持力度，用于核力量维护与现代化的经费总额超过 296 亿美元，比 2017 财年增加 21 亿美元，其中核武库经费增加 14 亿美元。其中，为核弹头的现代化升级投入 17.4 亿美元，比 2017 财年增长 30%，主要用于 B61－12 核航弹延寿计划、潜射弹道导弹弹头 W88 改型 370 项目、潜射弹道导弹弹头 W76－I 延寿计划和空射巡航导弹弹头 W80－4 延寿计划。2018 年 9 月，B61－12 延寿计划通过系统最终设计评审，标志着炸弹设计最终定型，后续将进行首件产品的生产授权。预计该计划将在 2019 财年进入 6.5 试生产阶段，2020 年 3 月完成首件产品的生产。W80－4 延寿计划完成了从可行性研究和方案筛选阶段向成本分析阶段的过渡，且随着研制工程阶段的临近（预计在 2019 财年），年度拨款额度逐渐攀升，已从 2017 财年的 2.2 亿美元上升至 2018 财年、2019 财年的 4.0 亿美元和 6.6 亿美元。W76－1 延寿计划的批生产接近尾声，至 2018 年已完成 95%，

工作重点开始转向战斗部列装军方的相关准备活动（包括生产监测试验替换部件、采购备件和零部件等）。W88 改型 370 计划通过了最终设计评审，并提前获得了部分零件的生产授权。

为了满足新的战略需求，美国将进一步多元化核选项，发展新型低威力核武器，防范未来由于地缘政治变化和技术突破引起的各种不确定性，增强核力量的灵活性和响应性。美国将研制和部署两种新型低当量核武器，近期将启动研制一种低当量潜射弹道导弹弹头，其 2019 财年的研制经费已经落实。低当量潜射弹道导弹弹头的研制任务，即 W76－2 改型计划将在 2019 财年启动，即将开展的工作包括：制定该计划研制阶段及其后续所有阶段的成本概算和年度安排，分析延期对计划成本和进度的影响，详细讨论相关军事需求以及估算 W76－2 弹头的长期维护成本。远期计划发展的低当量海基巡航导弹还没有形成确定性方案。2018 年 2 月，国防部副助理部长索弗声称，海基核巡航导弹系统可能会基于空军目前正在研发的远程防区外打击项目，也可能会基于在 2011 年就已全部退役的核“战斧”巡航导弹。

（二）俄罗斯重点保障核威慑力量发展，新型号弹头继续增加

2018 年，战略核力量的发展建设仍将是俄罗斯军队的绝对优先方向。目前，俄罗斯正在大规模装备现代化的新型弹头及战略导弹。新版武器装备计划已于 2018 年初开始正式实施，俄罗斯未来 10 年将继续重点保障核威慑力量的发展。

核武库规模保持稳定并略有增加。截至 2018 年 9 月，俄罗斯共部署战略轰炸机、陆基洲际导弹、潜射弹道导弹 527 枚（架），部署战略核弹头 1444 枚，均已满足新《削减战略武器条约》（START）要求。另外，根据美国科学家联合会（FAS）估计，2018 年初俄罗斯现役武库中约有 4350 枚

弹头，比 2017 年初增加约 50 枚。弹头数量增加的主要原因是俄罗斯正在用多弹头的“亚尔斯”（可携带 4 枚弹头）替换单弹头的“白杨”导弹，并且在 2017 年已替换了 2 个导弹团（18 枚导弹）。

新型号弹头数量不断增加，核武库现代化水平不断提升。截至 2018 年初，已有 80 枚新型洲际导弹“亚尔斯”进入军方服役，这些导弹都携带了俄罗斯在冷战结束后研发的新型弹头。新弹头采用先进的设计方法，最大程度上减少了来自内部的辐射，并且通过采用特殊结构和表面材料吸收了飞行途中的热量和雷达辐射，再加上重型诱饵的保护，隐身和突防能力较强。2018 年 6 月，俄罗斯国防部对“亚尔斯”导弹进行了一次成功的全系统飞行试验，进一步验证了其可靠性。

（三）英国继续与美国合作推动弹头现代化与替换工作

目前，英国核武库仍然保持不超过 225 枚“三叉戟”弹头，其中作战部署弹头不超过 120 枚。2018 年，英国继续斥巨资推进现役“三叉戟”导弹与弹头的现代化、下一代核弹头的替换方案研究。英国正在进行现役“三叉戟”导弹的 Mk4 再入体上引入美国 Mk4A 的解保、引信与点火（AF&F）系统，新系统可使弹头自动调节引爆高度和位置，从而提高打击精度，增加摧毁加固目标的有效性。现役“三叉戟”弹头将服役至 21 世纪 30 年代，议会将在 2020 年前确定弹头的替换方案。英国政府表示，弹头替换工作的一个重要部分是英美合作，合作有助于维持英国核武器综合体的发展能力，并降低未来方案的技术、成本和进度风险。

（四）法国强调核威慑力量关键地位，全面推进海基及空基核弹头的现代化计划

法国继续保持“两位一体”核力量，核弹头总数仍然为不超过 300 枚。其中，海基核力量由 4 艘“凯旋”级战略核潜艇组成，每艘潜艇携带 16 枚潜射弹道导弹，每枚导弹携带4～6枚弹头；空基核力量由约40架“幻影”2000N和“阵风”MF3战斗机组成，约有54枚“ASMP－A”空射巡航导弹及弹头。

2018年，法国有序推进核力量现代化的各项工作。马克龙总统更加强调核威慑力量的重要性，认为核威慑能力不论过去、现在还是未来，都将在法国国防战略中占据关键地位，因此未来几年法国将大幅增加国防预算，加快推进核力量的更新换代。法国所有空射巡航导弹配备新型核弹头TNA的升级工作即将完成。今后将陆续改造剩余的3艘潜艇，使其配备目前在研的新型导弹（M51.3计划于2025年开始服役）和TNO弹头。TNA和TNO是在禁核试条件下通过模拟认证的核弹头，在可靠性和安全性方面都有较大改进，随着新弹头的陆续入库，核威慑能力得到持续加强。

三、美俄等国加快推进核武器投送平台技术研发，推进核武器实战部署

2018年以来，美国和俄罗斯等有核国家竞相开展新型核运载技术开发，研制新型战略核潜艇，发展高超武器，研制或提高战术核武器的能力。为验证在研或新列装的新型导弹战技术性能，2018年相关国家频繁进行导弹试射。

（一）美国加快空基核力量实战能力开发，积极发展高超声速武器

为推进核武器实战部署，美国加快了核武器与投送平台的一体化结合。2018年6月9日，美国用B－2A“幽灵”轰炸机成功投放两枚B61－12核炸弹，完成了质量鉴定测试，检验了该型炸弹的非核能力及飞机运载能力。8月16日，美国桑迪亚国家实验室公布了美军F－15战斗机测试投放B61－12的全

程视频影像，此次 F－15 战斗机分别从高空和距地面 250 米的低空进行了投掷试验。B61－12 是美国近年来全力发展的首枚制导型核重力炸弹，即将完成定型进入小批量生产阶段。美国还计划将 B61－12 整合到F－35战斗机，为美军提供更广泛的精确核攻击选项。4 月，德国向美国提出“台风”战斗机装备 B61－12 核弹头的要求，希望以此更新战术核武器的部署。

美国继续推动高超声速武器技术发展。美国国防部筹划建立高超声速导弹联合项目办公室，计划分别围绕高超声速导弹和人工智能技术，统一协调各机构的相关工作，以加速原型化产品的开发。美国政府在 2018 年 7 月向国会提交的申请中，明确支持“常规快速打击”（CPS）项目滑翔飞行器改进，并集成到“高超声速常规打击武器”（HCSW）上，且开展优化设计和原型机制造。美国国防高级研究计划局（DARPA）正在探索新型海基空射型高超声速导弹技术，这种潜在的新式超声速空射巡航导弹是高超声速吸气式武器概念（HAWC）的海基改进型。DARPA 和空军预计在 2019 财年联合研制出飞行原型样机。

（二）俄罗斯重视战略潜艇计划，加速高超声速武器技术研发

俄罗斯改进型战略核潜艇项目已列入国家武备计划。“北风之神”－B 级战略核潜艇设计研发工作于 2018 年开始，计划从 2023 年开始批量建造，2026 年试航并移交俄罗斯海军。“北风之神”－B 继续使用“北风之神”级核潜艇的艇体，将使用新型推进系统，噪声水平将大幅降低。

俄罗斯积极发展高超声导弹技术，意图取得在导弹技术领域的战略优势。俄罗斯“萨尔玛特”导弹采用“先锋”高超声速助推滑翔系统，“匕首”为空射高超声速弹道导弹，可全程机动。2018 年 2 月至 7 月，俄罗斯开展“匕首”空射弹道导弹技术试验验证，携载“匕首”空射弹道导弹的米格－31K 战斗机开始在里海空域进行战斗值班，完成 4 次作战运用演练，并在7月19日进行了米格－31K战斗机与图－22M3战略轰炸机携载“匕首”导弹打击地面、海上目标联合演习。通过一系列试验，证明俄罗斯核武库中又增添了一款“杀手锏”武器。

（三）印度加快研发核运载技术，海基核力量正式形成

印度“歼敌者”号核潜艇与K－15导弹形成“弹艇合一”的作战能力。2018年8月11日和12日，印度运用国产核潜艇“歼敌者”号发射3枚K－15潜射弹道导弹，并取得“巨大成功”。其中，8月11日进行了两次成功测试，12日的第三次测试以全作战模式进行。印度声称，“歼敌者”号从水下20米发射导弹，“以接近零圆概率误差的精度命中目标”。K－15导弹可携带核弹头，打击距离约700千米。“歼敌者”号核潜艇于2016年开始服役，是印度海军核动力潜艇舰队的首艇。这次验收试验意味着印度海基核力量正式形成。

印度成功试射了“烈火”－5导弹，测试惯性导航系统和精确微导航等多项新技术。2018年，印度成功进行“烈火”－5导弹的多次试射，测试了基于环形激光陀螺仪的惯性导航系统和最先进的精确微导航系统等多个新技术。“烈火”－5是印度国产射程最远的弹道导弹，据印度公布的官方数据，导弹长17米，直径2米，发射质量50吨，弹头1.5吨，射程5000千米。连续两次成功试射，说明印度“烈火”－5导弹向实战化靠近了一步。

四、核材料与核动力是美俄核军工开发重点

（一）美国使用新核材料生产途径、工艺并提升核材料储存能力的方法以支持核军工

能源部允许国家核军工管理局继续转变能源部库存高浓铀的用途，以

支持美国核军工。2018 年 8 月，美国能源部国家核军工管理局和田纳西峡谷管理局宣布，将 20 吨高浓铀“稀释”为低浓铀用以生产氚。这些高浓铀也可用于核武器和海军反应堆。7 月中旬，美国国家核军工管理局正式公布洛斯阿拉莫斯国家实验室增加钚存量的环境评估结果，结果允许洛斯阿拉莫斯国家实验室一栋建筑的容许放射性“危险物质”库存从 38.6 克“钚等效材料”增至 400 克，该设施随之从“辐射设施”转变为“Ⅲ类危害核设施”。国家核军工管理局称，提高该建筑的容许放射性“危险物质存量是确保美国国家核军工管理局维护和管理国家核储备能力所必需的”。

（二）美国持续推动空间核动力技术发展，已解决空间反应堆电源开发的可靠性、经济性问题

2018 年 5 月，美国航空航天局宣布成功对新型 Kilopower 空间反应堆电源样机进行热试。这次测试是美国推进空间核反应堆电源应用、提升太空任务能力走出的实质性一步。Kilopower 空间反应堆电源代表了空间反应堆电源设计的新方向，具有结构简单紧凑、安全可靠性高、功率可缩放、开发成本低等特点，技术突破后可应用于各种军事任务，还可用于深海、深远内陆等。

2018 年 6 月，美国 BWX 技术公司与美国航空航天局签订概念设计合同，为前往火星的宇宙飞船设计核反应堆。BWX 技术公司的反应堆设计基于低浓铀燃料，比基于化学物质的设计更具优势，能量利用效率更高，且功率密度更大，将有助于缩短太空航行时间，降低宇航员受到的宇宙辐射。

（三）俄罗斯成功验证下一代核潜艇用“永久”反应堆

2018 年 8 月，俄罗斯原子能国家公司（Rostom）下属阿夫里坎托夫设计局表示，已经开发并成功测试了一种“永久”反应堆，可为俄罗斯最新核潜艇的整个寿期中提供动力。阿夫里坎托设计局已对“活性区”（反应堆的核心）的新设计进行了测试，这种设计使反应堆效率提高，新型反应堆将不再需要换料和大修。

五、美俄核军控博弈进入僵持阶段

2018 年 2 月，俄罗斯对美国是否遵守新《削减战略武器条约》提出质疑，并警告称美国政府的新核战略会降低使用核武器的门槛。俄罗斯认为，美国的新版《核态势评估》报告是建立在对俄罗斯意图的错误假设上，并包含了令人担忧的核武器现代化计划。5 月，美国众议院军事委员会称已经采取措施，准备废除与俄罗斯签署的为期 30 年的《中导条约》，并支持特朗普总统废除该协议。一旦证实俄罗斯没有完全遵守该条约，美国将不再考虑条约的约束力。

六、结束语

2018 年，世界核态势发生重大变化，美国新版核态势报告基于“美国优先”思想，进一步强调了核武器在国家安全中的基石地位。俄罗斯对应发布新型战略核武器，显示出国际安全格局重回大国竞争，有核武器国家纷纷加大核力量建设投入，重视并推动核武库全面现代化。此外，核大国更加注重突出核力量的威慑与导弹武器实战化运用，举行战略核力量演习，充分检验核力量的作战准备态势。结合近年来的发展态势，预计未来核大国仍将延续核武器装备“保持规模，提升质量”的发展思路，不断推进新一代核武器装备的研发部署。

（中国核科技信息与经济研究院　孙晓飞　张莉）

（中国工程物理研究院科技信息中心　王希珍）

（96658 部队　李梅）

2018 年导弹核武器及装备技术发展综述

2018 年，以核大国主导的世界核态势总体趋向平衡，核弹头总量比去年同期减少约 3%。核力量依然是国家防务的战略支柱和维护国家安全的战略基石，各国不惜投入巨资推进导弹核武器现代化，军事强国更加注重突出核力量的威慑与导弹武器实战化运用。

一、不断强化战略威慑，多方位核博弈出现重大转折

针对新的威胁环境，一些国家以核威慑政策为导向，继续推进导弹核武器现代化，全球核博弈形势并不乐观。

（一）核大国调整核武器发展战略

为适应新威胁环境，实现“三位一体”核力量整体升级，美国和俄罗斯等核大国对核武器发展战略做出调整，在年度中均公布了新的核武器规划。2018 年 2 月，美国特朗普政府公布最新版《核态势评估》报告，对美国未来 10 年的核力量建设做出规划，目前正在研制的核武器包括 B－21 战略轰炸机、“哥伦比亚”级弹道导弹核潜艇、新型陆基洲际弹道导弹、新型

海射巡航导弹、新型潜射弹道导弹和 B61－12 核炸弹，未来 30 年用于维持核军备及实现其现代化经费达 1.2 万亿美元。9 月，美国空军宣布研发新型核巡航导弹，计划于 2022 年开始启动，2030 年前交付使用。与此相对应，俄罗斯总统普京在 2018 年 3 月的国情咨文中也首次公开了 6 种新型战略武器，包括“萨尔玛特”（RS－28）陆基洲际弹道导弹、“匕首”高超声速空射弹道导弹、“海燕”核动力巡航导弹和“波塞冬”核鱼雷 4 种核武器。11 月 23 日，俄罗斯联邦委员会建议废除禁止首先使用大规模杀伤性武器的军事原则，明确强调：如果俄罗斯受到“高超声速和非核战略武器”的攻击，总统可以下令实施核打击。此外，俄罗斯核武器现代化的重点是“北风之神”级战略核潜艇、“亚尔斯”和“萨尔马特”洲际弹道导弹等先进武器，2021 年前陆基核力量现代化率达到 90%。法国政府也宣布更加重视依靠战略核力量维护国家安全，未来 5 年将加大核威慑能力建设力度，2018 年国防预算增加 18 亿欧元，用于更新和完善海、空基“两位一体”核打击体系。相关国家多样化核武器发展规划，成为未来核武器发展的一个新趋势，同时在不违背现有军控机制的前提下丰富和强化核大国的核武器库。

（二）朝鲜和伊朗谋求“弃核保弹”发展策略

2018 年，朝鲜和伊朗核问题一波三折，却出现两种不同的发展态势。2018 年 4 月 20 日，朝鲜最高领导人金正恩宣布，不再进行任何核试验和洲际弹道导弹发射，并废弃朝鲜北部核试验场。多年来，朝鲜不顾国际社会的禁令、不惜牺牲经济民生发展核武器，2017 年初金正恩还在朝鲜劳动党第七次全国代表大全的工作报告中为朝鲜的有核国家地位定调。这次朝鲜在核政策上一百八十度大调整，无论出于何种原因，但从朝韩、朝美首脑互动来看，朝鲜半岛无核化进程出现重大转机。虽然朝鲜废弃东仓里火箭试验场、拆除宁边核设施的承诺已经兑现，但其固体导弹发展设施不断扩大，这意味着朝鲜仍保留了发展中远程导弹打击能力的决心没变。在伊朗核问题方面，美国总统特朗普突然在2018年5月初宣布美国退出伊核协议，重新启动对伊朗的制裁，并强迫世界各国一起对伊朗实施制裁。伊朗同美国博弈的态度坚决而强硬，最高领袖哈梅内伊6月立即下令伊朗原子能组织开始进行准备工作。伊朗高级官员于12月13日表示，伊朗即将重新启动有争议的核计划，正努力将铀浓缩生产能力提高到《全面联合行动计划》所禁止的极限水平。同时，伊朗继续大力发展弹道导弹技术，谋求一些大国和国际组织对其民用核能力的认可。

（三）美国和俄罗斯《中导条约》争议前途未卜

2018年10月，美国总统特朗普宣布将退出《中导条约》，俄罗斯立即向联合国递交了维持和巩固《中导条约》的决议草案。双方焦点主要集中在四个方面：一是发展违规武器。俄罗斯“口径”（SSC－8）巡航导弹利用“伊斯坎德尔”－K发射平台，为射程超过1000千米陆射型巡航导弹；“亚尔斯”（RS－24）改进型RS－26弹道导弹，是通过加载多弹头或更大载荷使射程从洲际缩短到5500千米的中程弹道导弹，这两种正在发展的导弹武器射程违规。二是部署违规武器。美国在东欧部署的陆基“宙斯盾”系统中的多用途垂直发射器Mk－41，具备发射“战斧”巡航导弹的能力，违反了陆射型巡航导弹的限制；俄罗斯部署的“伊斯坎德尔”－M弹道导弹的实际射程超过了500千米，属于违规系统。三是发展潜在中程弹道导弹武器。美国在反导试验中发展的LV靶弹源于“民兵”－2弹道导弹，“参数与中近程导弹相当”，携带战斗部后就是中程弹道导弹。四是发展条约限制的同类型武器。美国发展的“死神”等武装无人机，与陆射巡航导弹的本质相同，是巡航导弹技术的衍生产品。美国和俄罗斯对上述导弹武器互相指责，相持不下，使得《中导条约》难以持续，从而打破导弹技术的限制，为重点区域国家发展或引进中程导弹带来契机，将造成地区战略失衡。

（四）相关国家核裁军“减存量”步伐缓慢

2018 年 6 月 18 日，瑞典斯德哥尔摩国际和平研究所（SIPRI）发布报告评估，全球核弹头有 14465 枚，比 2017 年同期减少 470 枚，同比下降约 3%。这一数字既包括实际部署在导弹发射井和各种空基、海基载具上的在役核弹头，也包括等待拆除的储存、预留和退役核弹头。按照核武器估算数量排序，俄罗斯 6850 枚，美国 6450 枚，法国 300 枚，英国 215 枚，巴勒斯坦 140～150 枚，印度 130～140 枚，以色列 80 枚，朝鲜 10～20 枚。美国和俄罗斯核武器占全球总数约 92%。报告指出，有核国家核裁军“减存量”步伐缓慢，“提质量”的努力反而不断加大。

二、频繁进行试验发射，核力量现代化水平持续提升

为建立更加完善的核力量体系，多个国家积极开展试验验证工作，加快新型核武器及平台的部署，以增强导弹核武器的威慑力。

（一）频繁试验验证新型导弹技术

为验证在研或新列装的新型导弹战术技术性能，2018 年相关国家频繁进行导弹试射。2018 年 2 月至 7 月，俄罗斯携载“匕首”空射弹道导弹的米格 -31K 战斗机开始在里海空域进行战斗值班，完成 4 次作战运用演练。印度也于 2018 年 1 月、6 月分别成功进行“烈火” -5 导弹的第 5 次和第 6 次试射。

（二）加快核武器与投送平台一体化结合

为推进核武器实战部署，许多国家加快了核武器与投送平台的一体化结合。2018 年 6 月 9 日，美国用 B -2A“幽灵”轰炸机成功投放 2 枚

B61－12核炸弹，完成了质量鉴定测试。8 月16 日，美国桑迪亚国家实验室公布了美军 F－15 战斗机测试投放 B61－12 的全程视频影像。4 月，德国向美国提出“台风”战斗机装备 B61－12 核弹头的要求。8 月11 日、12 日，印度运用国产核潜艇“歼敌者”号发射 3 枚 K－15 潜射弹道导弹，并取得“巨大成功”。

（三）大批量推进新型导弹实战部署

为了加快新型导弹武器实战部署，许多国家积极开展相关验证和战备值班工作。2018 年 3 月 1 日，俄罗斯总统普京在年度国情咨文中宣布，俄罗斯要大幅提升战略核力量，计划在 1～2 年内有 80 枚新型洲际弹道导弹、102 枚潜射导弹和 3 艘“北风之神”级战略导弹核潜艇纳入战略核力量。普京在 6 月7 日“直播连线”期间表示，新型重型洲际弹道导弹“萨尔马特”将于 2020 列装俄罗斯战略导弹部队。据印度官方 2018 年 11 月5 日发布信息显示，印度首艘国产弹道导弹核潜艇“歼敌者”号首次完成为期 1 个月的威慑巡逻任务，标志着印度的核打击力量正式进入“三位一体”时代。2018 年 3 月，英国国防大臣透露，2019 财年英国将新增 6 亿英镑预算用以保障“无畏”级弹道导弹核潜艇按时服役。

三、大规模举行核演训，导弹实战性能得到有效验证

许多国家积极开展具有实战背景导弹核武器军演和训练发射，并通过战场实用，以检验导弹武器的实战能力。

（一）密集组织联合核军演

2018 年，许多国家组织多次联合军演，以检验导弹核武器协同作战能力。4 月，美国举行了年度“海王星猎鹰”演习，10 架 B－2 轰炸机和 4 架

KC－10 加油机参加了空中加油与核攻击协同演练，以保持和评估在接近实战环境下的战备能力。10 月 11 日，俄罗斯组织了年度战略核力量演习，空军出动战略轰炸机 36 架，包括战略航空兵“三驾马车”之称的图－160“海盗旗”、图－95MS“熊”和图－22M3“逆火”战略轰炸机；海军北方舰队和太平洋舰队出动了“北风之神”和“德尔塔”－4 等多型战略导弹潜艇；战略火箭兵多个导弹师参加了演习，动用了新型的“亚尔斯”和“白杨”－M 等多型战略导弹。此次演习，测试了战略预警和核指挥控制系统，并从巴伦支海和鄂霍次克海海域发射了“布拉瓦”和“轻舟”潜射弹道导弹、KH－555 空射巡航导弹，全面检验了俄罗斯军战略打击力量的战备水平。

（二）多次组织实弹发射

2018 年，许多国家组织实弹发射，对现役导弹核武器的可靠性和战备力进行检验。5 月 22 日，俄罗斯海军“北风之神”级战略核潜艇“尤里·多尔戈鲁基”号从俄罗斯西北部白海水域成功齐射 4 枚“布拉瓦”潜射弹道导弹，命中俄罗斯远东地区勘察加半岛库拉靶场预定目标。这是俄罗斯冷战后进行的最大规模弹道导弹齐射试验，检验了“北风之神”级战略核潜艇和“布拉瓦”导弹的战备力。7 月和 11 月，美国组织了两次“民兵”－3 试射，7 月发射失败，11 月发射取得圆满成功。2 月，印度组织了“大地”－2 导弹夜间试射，检验了导弹的夜暗条件作战能力；5 月试射了陆基“布拉莫斯”超声速巡航导弹，提高了导弹部队实战能力。

（三）大波次投入战场实战

美国和俄罗斯等军事强国非常重视利用战场实战来检验导弹武器的实战能力。2018 年 2 月，俄罗斯海军在叙利亚行动期间共向“伊斯兰国”目标发射 100 多枚巡航导弹，远程航空兵使用了 66 枚巡航导弹，包括舰射、潜射“口径”巡航导弹、Kh－101 和 Kh－555 空射巡航导弹，对叙利亚反恐起到了决定性作用。4 月，美国、英国和法国针对叙利亚境内的 3 处疑似化武目标发射了 100 余枚各型巡航导弹，这是近年来美国及其盟国进行的最大规模导弹武器联合作战，此次空袭达到了目的，但也暴露了美国、英国和法国等国家导弹武器及联合指挥系统方面的问题。

四、积极研发先进技术，新一代导弹核武器项目进展顺利

为谋求导弹核武器质量上的优势，美国和俄罗斯竞相开展相关先进技术研究，大力推进新一代武器的发展。

（一）开始研发改进型战略核潜艇

俄罗斯改进型“北风之神” –B 级战略核潜艇项目已经列入其修订的国家武器装备计划中，该型潜艇设计研发工作于 2018 年开始，计划从 2023 年开始批量建造，2026 年试航并移交俄罗斯海军。据悉，“北风之神” –B 继续使用“北风之神”级核潜艇的艇体，将使用新型推进系统，噪声水平将大幅降低。

（二）发展高超声导弹技术

美国和俄罗斯都将高超声速技术作为新一代导弹技术发展的突破口，继续引领高超声速技术领域发展。美国国防部筹划建立高超声速导弹联合项目办公室，计划分别围绕高超声速导弹和人工智能技术，统一协调各机构的相关工作，以加速原型化产品的开发。美国政府在 2018 年 7 月向国会提交的申请中，明确支持“常规快速打击”（CPS）项目滑翔飞行器改进并集成到“高超声速常规打击武器”（HCSW）上，并开展优化设计和原型机制造。DARPA 正在探索新型海基空射型高超声速导弹技术，这种潜在的新式超声速空射巡航导弹，是高超声速吸气式武器概念（HAWC）的海基改

进型。DARPA 和空军预计在 2019 财年联合研制出飞行原型样机。俄罗斯“萨尔玛特”导弹采用“先锋”高超声速助推滑翔系统，“匕首”为空射高超声速弹道导弹，可全程机动。美国和俄罗斯积极发展高超声导弹技术，保持了两国在导弹技术领域的战略优势。

（三）完成小当量核武器初始设计方案

美国国防部计划对“三叉戟” –2/D5 导弹装载的 W76 弹头进行改装，将原来两级热核武器设计中的次级系统移除，仅保留其初级系统，即核板机（钚 239 作燃料，使用氚或氘—氚助爆），其爆炸当量由原来的 10 万吨 TNT 当量降低为 5000 ~ 6000 吨 TNT 当量，新弹头代号 W76 –2。目前，美国核武器委员会已通过该初始设计方案，并指示能源部、国家核安全管理局开始相关的研发、进度、成本评估等工作。

（四）开展模拟核试验和“次临界”核试验

为使核武库的现代化始终保持在一个高水平，美国和俄罗斯还在积极开发模拟核试验和“次临界”核试验技术。2017 年 12 月，美国在内华达州进行了一次命名为“Vega”的“次临界”核试验。这是总统特朗普执政以来的首次“次临界”核试验，也是美国时隔 5 年进行的第 28 次核试验。“次临界”核试验是通过钝感炸药对钚制造冲击以获得数据，但不会达到发生核裂变链式反应的“临界”点。此次试验，测试了新设计的核武器的有效性，也是推进特朗普总统力争把核武器作为“可使用的武器”扩大其作用构想的姿态。俄罗斯为检验老化核装置的可靠性，也定期组织相关“次临界”核试验。美国和俄罗斯“次临界”核试验已成为非核试条件下检验核性能的主要手段。

（96658 部队　李梅）

2018年核政策和核力量发展动态分析

2018年，国外核政策及核力量建设领域出现许多重大调整和新的动向。总体而言，核武器作为国家安全基石的地位愈加凸显，各核武器国家都在继续建设和增强核武库，并斥巨资对其核力量进行现代化改造和更新换代。

一、2018年国外核政策/战略发展动态

（一）特朗普政府发布新版《核态势评估》报告

特朗普政府发布新版《核态势评估》报告，给出美国未来几年的核政策、核战略及核力量发展走向。新版《核态势评估》报告与不久前发布的《国家安全战略》和《国家防务战略》一脉相承，认为国际安全环境发生了重大变化，美国面临的“核心威胁”出现了重大调整，从恐怖主义等非传统威胁回归到大国之间的竞争，强调要提升核武器在国家安全中的基石作用。该报告提出的以下观点尤其值得关注。

一是调整了安全威胁认知与排序，将大国竞争排在安全威胁的首位。报告强调，自2010年开始大国竞争已经回归，中国和俄罗斯开始重申他们

在地区和全球范围的影响力，他们在争夺美国的地缘政治优势，试图向对其有利的方向改变国际秩序。当今时代的威慑远比冷战期间复杂，中国和俄罗斯研究了美国的战争方式，开始针对美国的实力提升相关能力，并试图借此发现美国的弱点。因此，美国的威慑必须扩展到所有疆域，且必须应对所有可能的战略攻击。

二是强调要提升核武器的作用，可以使用核武器来应对“重大非核战略攻击”。报告宣称，美国仅在保卫美国盟友及伙伴生死攸关的利益的极端情况下才会考虑使用核武器，极端情况包括重大非核战略攻击，非核战略攻击包括但不限于针对美国及其盟友与伙伴的人口和基础设施、核力量、核指挥控制系统或预警与攻击评估系统的打击。

三是美国将进一步多元化核选项，发展新型低威力核武器。报告明确提出，美国将发展包括由潜射弹道导弹搭载的低威力弹头和新型海射核巡航导弹，以提供多元化的平台、射程及生存性，防范未来由于地缘政治变化和技术突破引起的各种不确定性。

（二）普京发布年度《国情咨文》

普京发布年度《国情咨文》，给出了俄罗斯未来国家军事战略的发展方向，并且对《核态势评估》报告做出了回应。针对美国新版《国家安全战略》与《核态势评估》报告明确将俄罗斯定位为战略对手，提出定制威慑战略，俄罗斯认为其在外交上具有进攻性，在军事上具有侵略性，俄罗斯有充分的权利和能力对这种威胁做出回应。

首先，宣布俄罗斯需要继续发展核威慑能力。普京宣称，俄罗斯将在必要情况下调整国防政策，提升国防能力水平；2018 年实施新的国家武器装备规划，重点为部队装备空基、陆基和海基高精度武器；目前，俄罗斯的核力量能够可靠保证战略威慑，但仍要继续强化核威慑能力，“争分夺秒”地进行武器装备建设和军事训练。

其次，认为美国不可能通过定制威慑等手段带来优势。2018 年版《国情咨文》特别重申了 2014 年版《俄联邦军事学说》中的核武器作用和使用原则，即核力量仅用于威慑的原则没有改变，指责了《核态势评估》报告中的某些条款（如使用核武器应对常规武器攻击，甚至是网络威胁）将使美国降低核武器的使用门槛的观点，并且特别强调，对俄罗斯或其盟国使用任何形式或任何射程的核武器，都将被视为对俄罗斯或其盟国的核攻击，将立刻遭到报复。

最后，给出俄罗斯核力量的未来发展方向。2018 年版《国情咨文》突出强调美国的导弹防御系统是俄罗斯核威慑及国家安全的最大威胁，核武器的未来发展需要多样性和灵活性，并且高调展示了“先锋”高超声速飞行器等 6 种新型战略武器，进一步强化了以突防为牵引的核武器发展战略。

（三）针对《核态势评估》与《国情咨文》，英国、法国政府分别做出了表态

2018 年 3 月 20 日，英国国防部长称，《核态势评估》在很大程度上是美国目前政策和态势的延续，英国对此表示赞赏和欢迎。而让英国感到遗憾的是，《国情咨文》表明，俄罗斯的重点不是在为维护战略稳定而努力，俄罗斯的举动也证明了英国为什么不能放松警惕。鉴于国际安全环境和所有潜在对手的行动，英国将继续审查核态势，并仍致力于维持最低限度、可信赖的独立核威慑力量，以遏制对英国和盟国的最极端威胁。3 月 28 日，英国国家安全委员会发布《国家安全能力评估报告》，重申了核威慑对于国家安全的重要作用，以及核力量现代化的重要意义。

2018 年 3 月 3 日，对于普京在《国情咨文》中有关核武器的言论，法国总统马克龙在与美国总统特朗普的通话中表示了严重关切。马克龙宣称，核威慑未来仍将在法国国防战略中占据关键地位，法国未来5年将增加国防预算，继续保持并加强核威慑能力。

二、2018年国外核力量发展动态

核力量通常包括核武库（核弹头）、核运载平台/工具系统以及相应的核指挥控制通信（NC^3）系统。现阶段，各主要核国家都在持续推进核力量的现代化与更新换代，并且相继启动研制/部署新型核武器或者运载平台/工具的相关计划，国外核力量发展情况日趋复杂多变。

（一）美国

2018年《核态势评估》宣称，核力量在美国国家安全战略中具有独一无二的重要作用，它们可以威慑敌人攻击、保证盟友安全、实现国家目标、防范未来风险，因此美国必须维持和更新现有核力量。美国现有核力量的现代化计划数年前就已经启动，2018财年则加大支持力度，用于核力量维护与现代化的经费总额超过296亿美元，比2017财年增加21亿美元，其中核武库经费增加14亿美元，运载平台/投射工具及NC^3系统增加7亿美元。此外，为了满足美国战略的新需求，增强核力量的灵活性和响应性，美国将研制和部署两种新型低当量核武器。近期将启动研制一种低当量潜射弹道导弹弹头，其2019财年的研制经费已经落实；远期将研发一种海基核巡航导弹，但目前还没有形成确定性方案。

1. 核武库的规模结构及现代化进展

（1）核武库规模持续减少。截至2018年2月，美国共部署战略轰炸机、陆基洲际导弹、潜射弹道导弹652枚，部署战略核弹头1398枚，均已满足新START条约要求。由于该条约将于2021年到期，美国国务院目前正评估与俄罗斯谈判后续条约的可能性。3 月，美国公布核武库中共有 3822 枚核弹头，较上一年度减少 196 枚。由于美国正在实施一系列核弹头现代化工作，因此核武库规模虽在缩减，但综合性能在不断提升。

（2）现役核弹头的现代化升级持续推进。核弹头现代化可以延长武库寿命，提高武库的安全和安保性，满足新的军事需求。2018 财年，美国核军工管理局为核弹头的现代化升级投入 17.4 亿美元，比 2017 财年增长 30%，主要用于核航弹 B61－12 延寿计划、潜射弹道导弹弹头 W88 改型 370 计划、潜射弹道导弹弹头 W76－I 延寿计划和空射巡航导弹弹头 W80－4 延寿计划。

B61－12 延寿计划通过最终设计评审。2018 年 9 月，该计划通过系统最终设计评审，标志着炸弹设计最终定型。在最终设计评审前，该计划开展了一系列研发活动和生产准备活动，包括：自 2017 年 3 月开始延续至 2018 年底，在 F－15、F－16、B－2A 等飞机上开展的几十次不同飞行条件下的鉴定飞行试验，用于保证炸弹与飞机的兼容性，提供新尾翼组件的可靠性证据，以及演示飞机投递能力和炸弹的非核功能；自 2017 财年延续至 2018 年的生产工艺熟化与鉴定工作，以便定型生产工艺，准备首件生产。2018 年 10 月，Y－12 宣称已获得 B61－12 次级罐装子组件的鉴定评价许可，后续将进行首件产品的生产授权。预计该计划在 2019 财年进入 6.5 试生产阶段，2020 年 3 月完成首件产品的生产。

W80－4 延寿计划进入成本分析阶段。2018 年，该计划完成了从可行性研究和方案筛选阶段向成本分析阶段的过渡，且随着研制工程阶段的临近（预计在 2019 财年），年度拨款额度逐渐攀升，已从 2017 财年的 2.2 亿美元上升至 2018 财年、2019 财年的 4.0 亿美元和 6.6 亿美元。

W76－1 延寿计划的批生产接近尾声。W76－1 批产已近 10 年，至 2018

年批产任务已完成95%，工作重点开始转向战斗部列装军方的相关准备活动（包括生产监测试验替换部件、采购备件和零部件等）。与此同时，W76－1延寿计划的年度经费开始大幅减少，在2018财年、2019财年的拨款额度分别为2.2亿美元和0.5亿美元。

W88改型370计划通过了最终设计评审，并提前获得了部分零件的生产授权。该计划于2018年1月获得最终设计评审，随后开展了包括生产工艺熟化和生产鉴定在内的一系列的生产准备活动；此外，还开展了少量研发活动。该项目预计于2019年9月进入6.5试生产阶段，2019年12月完成首件产品生产。该计划2018财年拨款3.3亿美元，2019财年拨款3.0亿美元。

（3）新的核弹头现代化计划即将启动。低当量潜射弹道导弹战斗部的研制任务，即W76－2改型计划将在2019财年启动。核军工管理局、海军因此分别获资6500万美元和2250万美元。核军工管理局即将开展的工作包括：制定该计划研制阶段及其后续所有阶段的成本概算和年度安排，分析延期对计划成本和进度的影响，详细讨论相关军事需求以及估算W76－2改型计划的长期维护成本。此外，核军工管理局的政策办公室主任史蒂文·埃哈特在2018年度核威慑峰会上表示，W76－2改型计划“将通过对现有少量弹道导弹战斗部只爆初级的配置来实现低当量”。

远期计划发展的低当量海基巡航导弹还没有形成确定性方案。有非官方消息称，国会将在2019财年为该计划拨款100万美元用于启动早期分析研究。2018年2月，国防部副助理部长索弗声称，海基核巡航导弹系统可能会基于空军目前正在研发的远程防区外打击项目，也可能会基于在2011年就已全部退役的核“战斧”巡航导弹。两种系统的核弹头都可能采用W80核弹头的改型版本。关于运载平台，国防部目前正在考虑包括潜艇发射和水面舰艇垂直发射在内的多种方案。对此，有非官方机构认为，潜艇发射方式不存在大的难题，只需要修改战斗部适配巡航导弹即可。水面舰艇发射方式则相对复杂，不仅需要对发射控制系统和通信系统进行核认证，还需要对舰员进行相应的训练和认证。

2018 财年，美国明确提出在 2019 财年重新启动 W78 延寿/IW－Ⅰ计划，并拨款 5300 万美元用于方案可行性研究。W78 延寿/IW－Ⅰ计划始于 2011 财年，但在 2015 财年被国会暂停。重新启动后的方案可行性研究将关注国会提出的担忧（是否采用可互用战斗部（IW－Ⅰ策略）替换现役 W78），同时比较研究多种延寿方案：一是将采用传统高能炸药驱动的 W78 弹芯更换为采用钝感高能炸药驱动的 W87 弹芯，但主要风险是要依赖近期弹芯生产能力的重建进度；二是将 W78 的主装药从普通高能炸药更换成钝感高能炸药，但面临极高的认证风险；三是采用与 W76 延寿计划类似的方式整治 W78 战斗部，原样替换 W78 的传统高能炸药，这种方案风险小，但核弹头的安全性提升有限。

2. 核运载平台/工具及 NC^3 系统的现代化

2018 财年，国防部为核运载平台/工具及 NC^3 系统的经费投入超过 190 亿美元，比 2017 财年增加 3.8%，主要用于现有核力量的维持，NC^3 系统的现代化，以及下一代洲际导弹（GBSD）、战略轰炸机（B21）、空射核巡航导弹（LRSO）、战略核潜艇（“哥伦比亚”级）的研制工作。此外，军方正在为《核态势审议》报告提出的新型核巡航导弹考虑运载平台，届时美国的核力量结构可能发生改变。

一是继续推进战略核运载平台/工具的现代化。2018 年 2 月，空军称 GBSD 将于 2019 年进行设计概念评估；4 月，下一代 B－21 轰炸机已完成初步设计审查，目前正迈向关键设计审查；5 月，空军称 LRSO 将于 2019 年开始分别在 B－52 轰炸机上进行集成开发与测试，测试结束后将转入工程与制造发展阶段；7 月，海军授予通用电船公司4.8 亿美元合同，以继续推进下一代“哥伦比亚”级战略核潜艇的设计建造；8 月，由于发现已交付的“哥伦比亚”级潜艇的通用导弹舱出现焊接问题，海军暂停了所有的导弹舱交付工作，但宣称其不会影响潜艇的交付时间表。

二是继续进行弹道导弹试射与战略核力量演习，检验导弹的可靠性及核力量的战备情况。2018 年，空军进行了 3 次“民兵”－3 洲际弹道导弹的例行发射实验，其中 4 月和 11 月的试射取得成功，7 月的试射中，导弹从范登堡基地发射 4 分钟后出现故障，最终在太平洋上空自毁，这是自 2011 年以来该型导弹的第一次试射失败。空军称此次失败属于意外情况，随后成立多部门联合团队调查故障原因，但至今尚未公布调查结果。3 月，海军成功齐射两枚“三叉戟”ⅡD5 导弹，此次发射是作为双重任务试验进行的，既是代号“演示与试飞活动－28”的潜艇和武器系统战备情况测试，也是该型导弹延寿后的首次测试。10 月，战略司令部启动“环球雷霆”年度战略核力量演习，旨在评估所辖任务领域的联合作战准备情况，尤其是核力量的就绪状态，以遏制并避免对美国及其盟国的战略攻击。战略司令部的各军力组成单元及英国、澳大利亚、加拿大、丹麦和韩国的小部分军人参与了今年的演习。

三是全面推进核 NC^3 系统的现代化，着手进行管理机构的改革。2018 财年，美国核 NC^3 系统现代化经费超过8 亿美元，涉及100 余项子系统的现代化工作，包括“先进超视距终端”“总统和国家语音会议”和“全球空勤人员战略网络终端”等。8 月，作为对《核态势审议》报告的回应，国防部部长马蒂斯下令改革目前 NC^3 的委员会式管理结构。改革后，战略司令部司令将负责领导 NC^3，在运行、需求、系统工程和整合方面承担更多的责任，同时，国防部负责采购和维持事务的副部长将取代军种负责 NC^3 的资源和采购。

四是未来核力量结构将有可能发生变化。2018 年 2 月，美国战略司令部司令海腾称，根据新版《核态势评估》报告，将考虑为海军的“朱姆沃尔特”级驱逐舰配备新型核巡航导弹，该舰的隐身外形和对地攻击能力使其成为搭载核巡航导弹的理想平台。此举将使美国核力量结构发生重要变化，战略核潜艇将不再是唯一的海基核运载平台，这使美国能有更多选项“灵活”回应对手的“有限”核打击。

（二）俄罗斯

2018 年，战略核力量的发展建设仍将是俄罗斯军队的绝对优先方向。目前，俄罗斯正在大规模装备现代化的战略导弹及新型弹头、更新战略核潜艇、升级战略轰炸机，其新装备比例已达到 79%，计划到 2021 年前，战略核力量的新装备比例提升至 90%。此外，新版武器装备计划已于 2018 年初开始正式实施，俄罗斯未来 10 年将继续重点保障核威慑力量的发展，并且优先支持新型战略核武器的研制采购工作，目前部分新型号已经试服役或者即将服役，发展目标是建立起能够有效突破现有和未来导弹防御系统的战略打击力量体系。

1. 核武库的规模结构及现代化进展

俄罗斯保持了与美国相当的核武库水平。俄罗斯总计拥有约 6490 枚战略与战术核弹头，其中部署的核弹头约 1600 枚，另有 2890 枚核弹头被存放于核武库中，约 2000 枚已退役等待拆解。俄罗斯将继续保持战术核弹头的优势。俄罗斯核武库中共存有大约 1820 枚战术核弹头，分属于空军、海军和陆军及其他防御力量。海军拥有的战术核武器最多，潜艇、航空母舰、巡洋舰、驱逐舰和防卫舰装备的巡航导弹、防空导弹等共约 820 枚核弹头。

俄罗斯正在积极进行核武库的现代化升级，包括开发和生产隐身和突防能力更强的新型弹头，用于正在研发的新型洲际弹道导弹“亚尔斯” - M 和“萨尔玛特”重型液体洲际弹道导弹等。

2. 核运载平台/工具的现代化

（1）持续更新和升级现役“三位一体”战略核力量。近年来，俄罗斯积极推进“三位一体”战略核力量的现代化和更新换代，陆、海、空基核力量的现代化比例持续增加。俄罗斯武装力量总参谋长在国防部 2017 年底的总结发言中宣称，战略火箭军现代化武器装备的比例由 5 年前的 42% 提高至 66%，突破反导系统的能力提高了 30%；海军接收了 102 枚新型潜射导弹，现代化战略核潜艇的比例已提高到 82%，战略核潜艇部队的战斗能力提高了 25%；现代化战略轰炸机的比例已增长至 75.7%，空基战略核力量整体作战能力提高了 50%。

陆基战略核力量换装两个新型导弹团。2018 年，陆基战略核力量部署约 318 枚洲际弹道导弹，最多可携带约 1138 枚核弹头。在役导弹除了“撒旦”将被“萨尔玛特”替换之外，其余型号将全部被“亚尔斯”导弹替换。战略火箭军自 2014 年开始用“亚尔斯”导弹替换“白杨”导弹，至 2018 年初已有 12 个导弹团完成更新。2018 年将继续更新 2 个导弹团，计划到 2026 年所有公路机动导弹全部换装“亚尔斯”。

海基战略核力量服役布拉瓦等新型导弹。2018 年，海基战略核力量包括 11 艘战略核潜艇，最多可携带约 800 枚核弹头。6 艘“德尔塔”Ⅳ级潜艇已经完成升级改造，可携带升级后的“轻舟”系列导弹；3 艘“北风之神”级潜艇已经服役。2018 年 5 月，一艘“北风之神”级潜艇成功齐射了 4 枚“布拉瓦”导弹，该导弹因此获批开始正式服役。目前，还有 5 艘改进版的“北风之神”A 级潜艇处于不同建造阶段，今后几年将陆续服役。据称“北风之神”A级潜艇的机动性能更高，隐身能力更强，并且增加了4个导弹发射管。2018年5月，国防部决定增加采购6艘“北风之神”A级潜艇，新增潜艇将于2023年后开始建造。届时，海军将拥有14艘新型战略核潜艇，数量超过美国规划的12艘。

空基战略核力量升级图-160M和图-95MS战略轰炸机。2018年，空基核力量包括经过升级后的图-160M和图-95MS重型轰炸机，总数为60~70架，可携带超过600枚（包括新型Kh-101/102的多型）巡航导弹。但军方经过评估认为，升级后的轰炸机虽然作战性能有所提升，但是仍然不能满足21世纪的作战环境，并且由于预算的限制，无法加快推进新一代战略轰炸机PAK DA的研发进程。为了弥补PAK DA服役前的差距，决定对现役战略轰炸机进行全面地现代化升级，安装功率更大的发动机，更换机载航电设备，并增加所携带的武器类型，改装后的新机整体作战效能将提高约60%。目前，升级后的图-160M2已于2018年初进行了首飞，预计2020年量产，计划从2023年开始每年装备3架，未来将至少装备50架。升级后的图-95MSM计划于2018年底进行测试，2019年首飞。此外，PAK-DA已于2018年8月完成了概念设计，准备开始原型机的建造工作，预计2030年前后服役。

继续举行战略核力量演习，充分检验核力量的准备态势。2018年10月，俄罗斯武装力量进行了大规模的年度战略核力量演习（该演习自2013年开始，至今已连续进行了6年），俄罗斯陆、海、空战略核力量以及导弹预警系统参加了此次演习。演习过程中一艘“德尔塔”Ⅲ和一艘“德尔塔”Ⅳ战略核潜艇分别齐射了多枚潜射弹道导弹；图-160M和图-95MS重型轰炸机则发射了巡航导弹和空空导弹；导弹预警系统即时发现了所有导弹的发射，相关信息都成功传递到指挥中心。

（2）实施新版武器装备计划，重点支持新型战略核武器的发展。2018年2月，《2018—2027年国家装备发展规划》（总经费为19万亿卢布）获得普京总统的批准并正式实施。新版计划取消了“巴尔古津”铁路机动和“边界”公路机动导弹的研制计划，转而支持“萨尔玛特”等新型核武器。虽然“巴尔古津”和“边界”已经成功试验并且即将部署，但它们与正在服役的“亚尔斯”和即将服役的“萨尔玛特”导弹相比，在威力、生存性和突防能力上并无明显优势。此外，由于俄罗斯经济下滑，预算紧张，只能把有限的资源重点用于发展多样、灵活和突防能力更强的新型战略核武器。新型武器部署后，可补充现有的核力量结构，并在此基础上构建一个新型“三位一体”战略核力量系统，从而保障国家的长期安全。

已试服役的“匕首”高超声速导弹，是一种具有精确制导打击能力的空射弹道导弹，最大速度为马赫数10，可打击航空母舰等大型水面机动目标。目前，装配在米格-3IK战斗机上的“匕首”导弹已试服役，预计2020年左右正式服役。2018年初，米格-31K已搭载“匕首”导弹在不同天气条件下完成了250次飞行。3月，米格-31K成功试射了一枚“匕首”导弹，为其投入真正作战使用奠定了基础。5月，国防部称已有10架米格-3IK战斗机装备了“匕首”导弹，其中2架米格-31K携带“匕首”导弹亮相莫斯科胜利日阅兵。7月，米格-31K携带“匕首”导弹与图-22M3轰炸机进行了联合演习。未来“匕首”导弹还将配置在经过升级的图-22M3轰炸机上，与米格-31K战斗机相比，不仅打击目标范围将由2000千米增加到3000多千米，而且携带导弹的数量也从1枚增加到4枚。国防部计划至少升级改造50架图-22M3用于携带“匕首”导弹，届时，俄罗斯空基核力量的突防和作战能力将获得显著增强。

即将服役的“先锋”高超声速滑翔器，是一种由洲际弹道导弹助推、以高超声速滑翔飞行器为弹头的战略武器，最大速度超过马赫数 20，并可携带当量超过 200 万吨的核战斗部。滑翔弹头使用的复合材料能承受上千摄氏度的高温，可抵抗激光烧蚀，并可在飞行过程中接收卫星指令，以大范围侧向机动规避导弹防御系统，具有很强的突防能力。2018 年 3 月，国防部已签署了“先锋”高超声速滑翔器的生产合同，开始批量生产，并将在 2019 年初服役。目前计划让尚未退役的 SS－19 导弹成为首批“先锋”的运载工具，未来将部署在“萨尔玛特”导弹上。首个装备 2 套“先锋”系统的 SS－19 导弹团将于 2019 年初开始服役，随后该团的“先锋”系统将增加到 6 套。计划到 2027 年之前，将有 12 枚 SS－19 导弹（两个团）进入部队服役，每枚 SS－19 导弹都将配备 1 枚“先锋”高超声速弹头。

将在 2021 年服役的“萨尔玛特”洲际导弹，最突出的特点是具有两种弹头配载方式：一是将配备 10～15 枚分导式多弹头；二是将配备 3 枚“先锋”高超声速滑翔器。据推测，俄罗斯未来拟部署 46 枚“萨尔玛特”导弹，其中携带“先锋”系统的“萨尔玛特”导弹将达 24 枚。目前，“萨尔马特”导弹已成功进行了两次发射井弹射试验。根据国防部的计划，“萨尔玛特”导弹将于 2019 年初进行首次飞行试验，2020 年开始批量生产，2021 年服役。

将在 2027 年前服役的“海神”核潜航器，是一种新型无人核潜航器，安静且高度机动（最大速度 100 千米/小时），可以在极深的水下（最大下潜深度 1000 米）进行洲际射程的移动，携带的核弹头最大当量为 200 万吨，预期打击海上和沿海高价值目标。2018 年 3 月，俄罗斯已经完成了用于“海神”核动力潜航器的微型反应堆的试验工作，该反应堆具有极高的功率质量比，动力更强大，进入战斗模式的时间更短，速度更快。目前，“海神”核动力潜航器已经完成了包括反应堆、汽轮机、传动系统和喷射泵在内的一系列岸上试验，计划2027年之前进入海军开始服役。

服役时间未知的“海燕”核动力巡航导弹，是一种采用核动力发动机、携带核弹头（当量200万吨）的低空隐身导弹，与俄罗斯的X-101空射巡航导弹或美国的“战斧”巡航导弹外形相似，可以根据需要进行长时间的机动，有能力突破现有和未来导弹防御与防空系统的拦截。目前，俄罗斯官方宣称“海燕”导弹的发射试验和地面试验都已获得成功，并且于2018年7月公布了在厂房里批量生产“海燕”导弹的视频。但据美国情报部门估计，2017年11月至2018年2月，“海燕”导弹进行了4次测试，均以“导弹坠毁”而告终。目前，俄罗斯官方尚未透露该导弹具体的技术指标和可能的列装时间。

（三）英国

目前，英国核武库仍然保持不超过225枚“三叉戟”弹头，其中作战部署弹头不超过120枚。核力量仍由4艘“前卫”级战略核潜艇组成，每艘潜艇有16个发射管，但只携带不超过8枚“三叉戟”Ⅱ导弹及40枚弹头。2018年，英国继续斥巨资推进现役导弹与弹头的现代化、下一代核弹头的替换方案研究，以及下一代战略核潜艇的更新换代工作。

延寿后的“三叉戟”弹头陆续服役。英国正在进行现役“三叉戟”弹头的现代化计划，在Mk4再入体上引入美国Mk4A的解保、引信与点火系统，新系统可使弹头自动调节引爆高度和位置，从而提高打击精度，增加摧毁加固目标的有效性。英国计划在2018年中完成Mk4A的生产，升级后的新弹头据推测已开始陆续服役。

继续开展“三叉戟”弹头的替换方案研究。现役“三叉戟”弹头将服役至21世纪30年代，议会将在2020年前确定弹头的替换方案。2018年1月，英国国防部长称，国防部已花费了1.07亿英镑用于研究是否翻新或更换现有的“三叉戟”弹头设计，其中包括9370万英镑的技术研究和700万英镑的决策研究。

开始启动现役“三叉戟”导弹的延寿项目。英国的“三叉戟”导弹购自美国，而美国的“三叉戟”导弹延寿工作已经于2016年底完成，2017年开始服役。2018年1月，英国政府决定花费3.5亿英镑，开始为自美国购买的“三叉戟”导弹延长其电子部件寿命。

继续推进下一代战略核潜艇的设计建造。2018年1月，负责下一代“无畏”级战略核潜艇总体设计的BAE公司称，潜艇设计已经完成了84%，并且已开始第一艘潜艇的建造工作。3月，英国宣布，2017财年国防部用于核力量维持的经费为21.4亿英镑，其中9亿英镑用于新潜艇的设计建造，政府还将在2018财年增加8亿英镑的国防预算，专门用于战略核潜艇的建造。4月，英国宣布成立潜艇交付局，负责管理下一代核潜艇的采购项目，确保战略潜艇按期交付。

2018年8月，美国发现导弹发射舱出现焊接缺陷，由于与美国采用同样的导弹舱，导致英国的导弹舱将延后交付。英国海军称，此事可能会影响“无畏”级潜艇的建造进度。“无畏”级潜艇计划采购4艘，将只保留8个发射管，预计2030年左右开始服役。

（四）法国

法国目前保持“两位一体”核力量，拥有三种型号的核弹头，空基核弹头TNA和两型海基核弹头，TNO与TN75。TNA空基弹头的爆炸当量300千吨，装备新型ASMP－A空射巡航导弹。TNO是法国最新型的潜射弹道导弹核弹头，爆炸当量150千吨，再入飞行器总重约500千克，由M51.2潜射弹道导弹载带。法国目前正在用TNO逐步替换剩余的TN75弹头。新任总统马克龙2018年表示，未来5年法国将增加预算，加强其核威慑能力建设，进一步更新和完善其海基与空基核威慑系统。全面推进海基及空基核弹头的现代化计划。2018 年底，所有空射巡航导弹将完成配备新型核弹头 TNA 的升级工作，第一艘战略核潜艇将完成为配备新型弹头 TNO 而进行的改造并开始服役。今后将陆续改造剩余的3 艘潜艇，使其配备目前在研的新型导弹（M51.3 计划于 2025 年开始服役）和 TNO 弹头。TNA 和 TNO 是在禁核试条件下通过模拟认证的核弹头，在可靠性和安全性方面都有较大改进，随着新弹头的陆续入库，核威慑能力得到持续加强。

未来将斥巨资加强核威慑能力，更新“二位一体”核力量。2018 年1 月，马克龙宣称，未来5 年法国将加强核威慑能力，继续更新核弹头及其运载平台/工具。为此 2018 财年的国防预算将由 2017 财年的 327 亿欧元增加至 342 亿欧元，增加的经费主要用于核力量的支出（核力量约占整个国防预算的 10%）。2018 年 7 月，马克龙签署“2019—2025 年军事规划法”，计划未来 7 年的国防预算逐年上升，到 2025 财年时将达 500 亿欧元。其中，核武库支出将由 2017 年的 39 亿欧元增长到 60 亿欧元。该法案还专门指定 250 亿欧元，用于研究下一代核潜艇（SNLE 3G）和空射核巡航导弹（ASN 4G）。

三、小结

2018 年，国外主要核武器国家陆续发布新版国家安全战略或者武器装备计划，着力提升核武器在国家安全中的地位作用。美国核武库全面现代化计划顺利推进，核武器安全、安保、可靠性持续加强，并且未来将研制两种新型低当量核武器，意在提高核力量的多样性和灵活性。俄罗斯继续加强以生存和突防为牵引的核力量现代化与更新换代，并且高调宣布正在研制具有强大突防能力的5 种新型战略核武器。此外，美国和俄罗斯继续举行年度战略核力量演习，充分检验核力量的作战准备态势。英国全力支持海基核力量更新换代，设置专门机构及专项经费，推进下一代战略核潜艇的设计建造及现役弹头的替换方案研究。法国核武器装备现代化取得重要进展，空基和海基弹头持续更新，并且未来 5 年将斥巨资加强其核力量建设。

（中国工程物理研究院科技信息中心　王希珍）

2018年核科技工业发展综述

2018年，美国和俄罗斯等国家出台新的战略规划和政策，确保核工业与技术发展继续保持世界领先；主要核国家推进核力量现代化建设，积极开发核材料生产新工艺和储存方法，发展和建设新型海军核动力装备，为深空探测和载人航天积极发展空间核动力技术。民用核工业方面，美国、俄罗斯、法国和印度等国家出台政策，并大力支持先进核能技术发展；国际社会对核安全愈加重视，积极探索新的防扩散技术；美俄博弈，双边核裁军逐渐进入僵持状态。

一、战略与管理

（一）核威慑与核能力重新成为战略重心

2018年6月，瑞典斯德哥尔摩国际和平研究所发布2018年年鉴，评估了当前拥有核武器国家的核力量发展态势，认为“将战略重心重新放在核威慑和核能力之上是一个令人十分担忧的趋势”。年鉴还公布了全球核武器数量，截至2018年初，全球拥有核弹头的国家仍然为9个，分别为美国、俄罗斯、英国、法国、中国、印度、巴基斯坦、以色列和朝鲜，总量约为14645枚（2017年初为14935枚），其中处于作战部署状态的核弹头约为3750枚。相比于2017年年初，核弹头总量减少了290枚。美国拥有6800枚核弹头（部署1750枚），俄罗斯有7000枚（部署1600枚），英国有215枚（部署120枚），法国有300枚（部署280枚），印度有130～140枚，巴基斯坦有140～150枚，以色列有约80枚，朝鲜有10～20枚。核武器总数减少的主要原因是美国和俄罗斯根据2010年签署的新规定，进一步有限地减少了核武器的保有量，但两国都在用现代化的核弹头替换老旧的弹头，还对导弹和飞机运载系统以及核武器生产设施进行现代化升级。

（二）美国新版《核态势评估》报告全面加强重核威慑力量建设

2018年2月，特朗普政府发布新版《核态势评估》报告，一改美国奥巴马等前几任总统执政时期降低核武器地位作用的论调，强调“核武器在美国家安全战略中发挥了至关重要的作用”“对于慑止核与非核战略攻击和大规模常规侵略至关重要”“在慑止大国间冲突和急剧减少战争中死亡人数方面做出了重要贡献”；指出“非核威慑的效果与核威慑不具可比性，只能作为核威慑的补充”；首次明确如对手针对美国及盟友的民众、基础设施、核指控系统、网络、太空资产等进行非核攻击，美将以核武器应对，扩大了核武器使用范围，降低了使用门槛。在该报告中，特朗普政府将俄罗斯和中国视为首要核威胁，称俄罗斯、中国核能力对美国构成挑战。首次提出根据不同对手和威胁，制定不同的应对手段，加强核威慑可信性。

（三）俄罗斯总统2018年国情咨文强调核武器使用政策

2018年3月1日，俄罗斯总统普京发表国情咨文，总结了过去几年在内政、外交、国防等领域取得的成就，其中有关核力量建设进展的表述格外引人关注。普京在讲话中反复强调了美国建立全球反导体系对俄国家安全构成严重威胁，公布了多个新型战略武器系统及其进展，展示俄罗斯近年来在核力量建设、新型核动力装置研制方面取得的重要成就。普京强调指出，美国新版《核态势评估》报告扩大了核武器使用范围，降低了核武器使用门槛，并且以核武器应对常规攻击甚至网络攻击，对此俄罗斯高度关切。为此，普京重申了俄罗斯的核武器使用政策，即俄罗斯有权使用核武器，用于应对针对俄罗斯和盟友的核攻击、大规模杀伤性武器攻击以及威胁国家存亡的常规侵略。普京强调指出，任何对俄罗斯及盟国使用核武器，无论威力大小，都将被视为核攻击，并将立即遭受报复性打击。

二、工业与能力发展

（一）美国积极谋划提升核军工能力，增强核威慑能力

加强核武器钚弹芯生产能力建设，提升核威慑能力。由于唯一的钚弹芯生产设施洛基弗拉茨工厂于1990年关闭，美国30年来没有制造出一个适合用于核武库的钚弹芯。2018年2月，美国发布的新版《核态势评估报告》明确提出了新的钚弹芯生产目标，美国军方要求国家核军工管理局到2026年，每年能够生产30个钚弹芯；到2030年，每年生产至少80个钚弹芯，以维持军方的核武器计划。钚弹芯是核武器的关键组成部分，钚弹芯需要更换，因为随着时间的推移其性能下降，或者在国家定期核武器检查时最终被破坏。5月，美国核武器委员会和国家核军工管理局决定由洛斯阿拉莫斯国家实验室与南卡罗莱纳州萨凡纳河场址共同生产钚弹芯。洛斯阿拉莫斯国家实验室将保持每年生产30个钚弹芯，而萨凡纳河场址将每年生产50个钚弹芯。为了在2030年之前达到国防部每年生产80个钚弹芯的要求，国家核军工管理局建议将位于南卡罗莱纳州萨凡纳河的混合氧化物燃料制造

设施的用途改为生产钚弹芯，同时最大限度地扩大洛斯阿拉莫斯国家实验室的钚弹芯生产活动。

启用洛斯阿拉莫斯国家实验室的冲击物理实验设施，支持国家核军工管理局的科学和核武器库存工作。2018 年 2 月，国家核军工管理局和洛斯阿拉莫斯国家实验室为状态方程（DEOS）设施举行了庆祝活动。该设施将持续开展冲击物理实验，支持国家核军工管理局的科学和核武器库存工作。新设施中将安置气枪和火药枪，可在极端条件下产生基本的、高精度冲击波数据。这些类型的实验称为状态方程实验。

（二）英国核武器装配设施严重老化，影响核武器生产能力

核弹头装配设施面临提升安全性或停运的挑战。2018 年 8 月，英国核监管部门下令立即对原子武器研究所的英国核弹头装配设施进行安全改造。但是，即使安全改造完成，该装配设施的运行也不能持续很长时间；如果没有在降低安全风险方面取得足够进展，那么该设施的运行可能立刻停运，此举将对英国潜艇舰队的核武器装配产生严重后果。监管部门还指出，伯克郡场址和奥尔德马斯顿场址目前仍然“在不确定的情况下，使用老化生产设备进行现代标准的配件替换工作”。

（三）印度积极发展核电，扩大产业规模

2018 年 7 月，印度国务部长表示，库丹库拉姆 6 个核电机组建成总投入约为 170 亿美元，全部核电机组预计将在 2025—2026 年逐步建成。到 2026 年，库丹库拉姆将成为该国第一座核电园区。核电园区是指拥有多座大容量反应堆的场址，总装机容量不小于 6000 兆瓦。库丹库拉姆核电厂的 1 号机组和 2 号机组已全面投入运营。印度还计划在未来 7 年斥资 75 亿美元建成另外 7 座核反应堆。

三、核技术与装备发展

（一）核武器、核材料技术与装备

1. 美国通过“以科学为基础”的方法和手段推进库存核武器的认证和核武器型号的研制

W88 核弹头 370 改型计划取得进展。2018 年 1 月，桑迪亚国家实验室通过了核武器委员会对 W88 核弹头 370 改型计划中解保、引信和点火子系统的最终设计审查，Y－12 国家安全综合体也被批准为 W88 核弹头 370 改型制造零部件，比原定计划提前了近 2 年。最新计划是 2019 年 12 月制造出第一个部件产品（W88 核弹头被部署在“三叉戟”Ⅱ D5 潜射弹道导弹）。370 改型计划由洛斯阿拉莫斯国家实验室、桑迪亚国家实验室、堪萨斯城国家安全园区、潘特克斯工厂和萨凡纳河场址联合开展，将更换弹头的解保、引信和点火子系统并解决老化问题。

国家点火装置（NIF）打破聚变产额纪录。2018 年 6 月，国家点火装置进行的一项实验获得了 1.9×10^{16} 的聚变中子产额和 54 千焦的聚变能，是之前纪录的 2 倍。实验将一个菱形胶囊（超薄高密度碳层中含有氘—氚聚变燃料）放入一个贫空铀腔，而且更好地控制了驱动胶囊的 X 射线的对称性，从而产生“更圆、更对称”的内爆。热点压力第一次超过 3600 亿个大气压（超过太阳中心压力）。此外，创纪录的产额意味着热点能量也因为聚变使 α 粒子实现创纪录的增加。α 粒子通过能量沉积而不是逸出进一步加热燃料，提高聚变反应速率，产生更多的 α 粒子，从而使实验中聚变产额增加。随着内爆的进一步改进，最终可能实现聚变点火。

劳伦斯利弗莫尔国家实验室开展核爆炸化学性质研究。2018 年 7 月，劳伦斯利弗莫尔国家实验室宣布，已开发出一种等离子体流反应器，用于实验模拟爆炸后火球的后期冷却过程，这种反应器可以帮助研究人员更好地理解化学反应与微物理过程（如成核、凝结、生长等）的相互联系。该等离子体流反应器能够监测铁、铝、铀的气相化学演化，这三种金属的氧化物具有非常明显的挥发性。

橡树岭国家实验室完成氘原子核的量子计算。2018 年 8 月，橡树岭国家实验室的核物理学家和量子信息学家开展了一项合作，使用开源软件和云访问量子处理器首次完成了氘原子核的量子计算。为实现这一目标，科学家采用一个简单而真实的氘核模型，并对计算过程进行了调整。量子计算将氘核的结合能的计算精度提高到几个百分点以内，这成为在量子处理器单元上进行可扩展核结构计算的第一步。目前，此项工作已得到美国能源部、美国科学办公室和美国核物理办公室的支持。最新研究表明，核物理中一个简单而又现实的问题，如氘结合能的计算，可以通过在现有量子装置上进行量子计算来解决。

2. 美国使用新核材料生产途径、工艺并提升核材料储存能力的方法以支持核军工

将 20 吨“稀释”高浓铀用于生产武器用氚。2018 年 8 月，美国能源部国家核军工管理局（NNSA）和田纳西峡谷管理局宣布，将 20 吨高浓铀“稀释”为低浓铀用于生产氚。根据国家核军工管理局的报告，要“稀释”的高浓铀是由 Y－12 国家安全联合体加工、包装和装运的。Y－12 国家安全联合体是美国高浓铀的主要储存设施，这些高浓铀可用于核武器和海军反应堆。能源部决定允许国家核军工管理局继续转变能源部库存高浓铀的用途，以支持美国核军工。

研究在废物隔离中试厂储存钚。2018 年 3 月，美国能源部委托 15 名科学家组成的小组研究稀释过剩武器级钚，以及将稀释后的钚永久储存在新墨西哥州地下储存库中的可行性。该小组将评估废物隔离中试厂的储存潜力。据估计，世界各地约有34吨过剩的钚，大部分在美国和俄罗斯。作为两国不扩散协议的一部分，美国能源部的萨凡纳河场址正在稀释6吨钚，以便运往新墨西哥东南部的储存库。

3. 俄罗斯积极研发新型战略核武器装备

2018年3月，俄罗斯总统普京在国情咨文大会上，高调公布了俄罗斯军队的新型武器——“海燕”核动力巡航导弹。普京称，“海燕”是全球独一无二的导弹，具备无限射程，可避开所有反导拦截系统，“近乎无敌”。俄罗斯在公布的展示视频模拟了一个装有核动力装置的巡航导弹绕过导弹防御系统的飞行过程。普京表示：“我们已经开始开发新型战略武器，在飞往目标的过程中不走弹道飞行路线，这意味着导弹防御系统毫无用处且无意义。”2017年底，俄罗斯在中央试验场成功发射了最新的核动力巡航导弹。

（二）军用核动力

1. 美国持续推动空间核动力技术发展，已解决空间反应堆电源开发的可靠性、经济性问题

2018年5月，NASA宣布，2017年11月到2018年3月，成功对新型Kilopower空间反应堆电源样机进行热试。这次测试是美国推进空间核反应堆电源应用、提升太空任务能力走出的实质性一步。Kilopower空间反应堆电源充分采用成熟度较高的技术，是全球首个采用堆芯内热管冷却的反应堆，代表了空间反应堆电源设计的新方向，具有结构简单紧凑、安全可靠性高、功率可缩放、开发成本低等特点，技术突破后可应用于各种军事任务，还可用于深海、深远内陆等。

2018 年 6 月，美国 BWX 技术公司与 NASA 签订概念设计合同，为前往火星的宇宙飞船设计核反应堆，相关工作在马歇尔航天中心开展。BWX 技术公司的反应堆设计基于低浓铀燃料，比基于化学物质的设计更具优势，能量利用效率更高，且功率密度更大，将有助于缩短太空航行时间，降低宇航员受到的宇宙辐射。10 月，NASA 航天技术任务理事会参观 BWX 技术公司先进技术实验室，了解项目进展，并观看为支持核热推进项目而开发的先进焊接、金相学和燃料元件填充三种关键技术的演示。

2. 俄罗斯成功验证下一代核潜艇用“永久”反应堆

2018 年 8 月，俄罗斯原子能国家公司下属阿夫里坎托夫设计局开发并成功测试了一种“永久”反应堆，可为俄罗斯最新核潜艇的整个寿期中提供动力。

（三）核电与核燃料循环

1. 美国发布新政策新规范，促进核能创新和安全发展

2018 年 9 月，美国众议院通过《核能创新能力法案》。该法案将指导能源部优先考虑与私人创新者建立伙伴关系，测试和展示先进反应堆概念。该法案授权建立一个国家反应堆创新中心；还指示能源部开发一种基于反应堆的快中子源，用于测试先进反应堆的燃料和材料。美国国会还同意在 2019 财年为核研发增加 1.21 亿美元的资金。

2018 年 4 月，美国核管会（NRC）发布了监管指南 1.232《开发非轻水反应堆主要设计标准指南》。该监管指南的《通用反应堆设计标准》涵盖了大多数非轻水反应堆技术，还包括钠冷快堆和高温气冷堆的技术标准。该监管指南阐述了通用设计标准（GDC）如何适用于非轻水反应堆设计。非轻水反应堆申请人可以使用该指南为任何非轻水反应堆设计制定主要的设计标准。值得注意的是，该指南可供先进反应堆设计人员使用，使他们的概念与核管会有关核电厂的条例保持一致，并将协助核管会工作人员审查今后的许可证申请。

2018 年 3 月，美国佐治亚州哈奇 1 核电站 1 号机组开始使用耐事故燃料测试组件运行，这是美国首次在商用核反应堆中安装耐事故燃料。2 月，核电站对 876 兆瓦的沸水反应堆进行了停堆换料和检修，除常规维护及测试外，还对核电站的系统和部件进行了升级。在停堆期间，核电站与全球核燃料公司（GNF）合作，安装了耐事故燃料的测试组件。3 月，重新启动了反应堆。GNF 称，这种燃料测试组件是通过美国能源部的增强型耐事故燃料计划开发的第一个项目，可以安装在商业核反应堆中，能提供在各种条件下抗氧化性和“优良的材料性能”，在较高温度下的低氧化速率进一步提高了安全限制裕度。

2. 俄罗斯和法国关键核能项目取得突破性进展

2018 年 4 月，俄罗斯“罗蒙诺索夫院士”号海上浮动核电站建造完工，并从圣彼得堡首航，前往摩尔曼斯克装载燃料。这是世界首座下水航行的浮动核电站。“罗蒙诺索夫院士”号海上浮动核电站定于 2019 年交付使用，可为靠近海洋的边远地区、海岛及海上设施提供电力及海水淡化服务，是俄罗斯未来数十年，有效利用北极巨大资源并建立军事基地的核心战略之一。未来，俄罗斯计划再建造 6 座同样规格的海上浮动核电站。

2018 年 1 月，法国原子能委员会（CEA）提出将计划建造的 Astrid（“工业示范用先进钠技术反应堆”）原型增殖反应堆的堆功率从 600 兆瓦降至 100 ~ 200 兆瓦。法国曾在 2010 年批准对Astrid研究项目投资约 8.09 亿美元（6.52 亿欧元）的预算，但目前 Astrid 增殖反应堆项目支出已达约 8.69 亿美元（7 亿欧元）。到 2019 年，支出可能达到约 11.17 亿美元（9 亿欧元）。增殖堆可以燃烧乏燃料、钚和其他核废物，俄罗斯是目前唯一运行增殖反应堆的国家。

（四）核军控与核安全

1. 美国和俄罗斯双边核裁军进程在博弈中进入僵持状态

2018 年 2 月，俄罗斯对美国是否遵守新《削减战略武器条约》提出质疑，并警告称美国政府的新核战略会降低使用核武器的门槛。俄罗斯认为，美国的新版《核态势评估》报告是建立在对俄罗斯意图的错误假设上，并包含了令人担忧的核武器现代化计划。俄罗斯表示，俄罗斯已经达到了新《削减战略武器条约》的要求，目前部署洲际弹道导弹和战略轰炸机总数量为 527，战略核弹头的部署数量为 1444 枚。俄罗斯对美国重新配置一些潜艇和轰炸机用来携带常规武器表示关切，并表示没有办法确认改装后的硬件不能携带核武器。俄罗斯认为，美国政府还“武断”地将一些地下导弹发射场改造成训练设施，但条约中并没有具体规定。

2018 年 5 月，美国众议院军事委员会称已经采取措施，准备废除与俄罗斯签署的为期 30 年的《中程导弹条约》，并支持特朗普总统废除该协议。这项措施写入 2019 财年国防开支法案草案中。一旦证实俄罗斯没有完全遵守该条约，美国将不再考虑条约的约束力。

2. 国际社会积极探索新防扩散技术，核安全挑战依旧严峻

2018 年 8 月，劳伦斯利弗莫尔国家实验室称，神经网络技术可以帮助核不扩散分析人员防止无赖国家或邪恶势力制造核武器。为了将核不扩散分析的规模扩展到计算机自动处理数据的量级，该实验室正在开发从大量数据中筛选出核扩散活动证据的新的深度学习和高性能算法。该项目的核心是劳伦斯利弗莫尔国家实验室的深度学习框架。该框架一旦完全实现，分析人员就可快速检索出以前没有标记的与铀浓缩相关的图像和视频。

2018 年 7 月，英国国防部以“国家安全”为由，拒绝透露克莱德海军

基地“三叉戟”核武器系统和核动力潜艇的官方安全评级。此前 10 年，国防部一直发布年度评级报告及证明合理性的报告。专家指责国防部试图逃避公众监督，掩盖“错误和无能”，并危及公共安全。但国防部坚称，保密并没有妨碍对“三叉戟”武器系统和核潜艇进行独立评估，“三叉戟”核潜艇及核武器系统符合“所有必要的标准”。

四、结束语

回顾 2018 年，美国和俄罗斯等国家为保持军事核工业的能力和优势，陆续出台核发展战略、规划和政策，继续在政府的高度重视下稳步推进核力量现代化建设。军用核材料生产和储存技术取得进展，多项核动力技术开发验证取得成功。民用核能关键项目取得重大突破。结合近年来的发展态势，预计未来核大国仍将延续核武器装备“保持规模，提升质量”的发展思路，不断推进新一代核武器装备的研发部署。各国更加重视防核扩散与核安全，监督体系和探测技术也将不断完善，军控谈判进程因大国博弈仍将处于僵持。

（中国核科技信息与经济研究院　张莉　孙晓飞）

ZHONG YAO

ZHUAN TI FEN XI

重要专题分析

美国海基低当量核武器技术发展策略分析

2018年，美国新版《核态势评估报告》提出要发展两种新型海基低当量核武器：近期将采用一种低成本的应急方案，研制低当量潜射弹道导弹核弹头W76－2；远期将研发一种具有低当量选项的海基核巡航导弹核弹头，以增强美国核力量的灵活性和响应性。

一、发展意图

新版《核态势评估报告》指出，当前国际安全环境发生了重大变化，美国面临的“核心威胁”出现了重大调整——从恐怖主义威胁回归到大国之间的竞争，必须要提高美国的核威慑能力。美国现有核力量虽然能够满足国家的总体威慑需求，但面对新的威胁，需要对现有核力量进行适度的调整和补充。海基低当量核武器可增加现有核力量的多样性和灵活性，为美国制定的威慑战略提供可信的选项和手段。

（一）海基低当量核武器是美国应对俄罗斯、中国的区域军事能力的重要补充

近年来，美国及北约指责俄罗斯奉行“以升级促降级核战略”，即如果

北约部队与俄罗斯爆发冲突，俄罗斯将迅速使用战术核武器，以有限升级核战争的方式促使常规战争降级。为此，美国国防部认为美国需要使用低当量核武器作为回应，以有效反制俄罗斯“使用低当量核武器抵消北约常规力量优势”的意图，对俄罗斯形成强有力的威慑。

此外，美国认为中国不断发展的区域作战能力使美国干涉地区事务能力面临威胁。2018 年 11 月，美国国会发布的国防战略评估报告《支持共同防御》一文指出：“如果不依靠核武器，美国未来将在与中俄同时进行一场大规模冲突和一场局部战争落败。因此，美国必须发展新的作战概念来实现战略优势，包括研究侵略性国家在避免引起美国大规模核响应的模式下，利用核或其他战略武器进行作战的能力。”低当量核武器无疑能为美国应对上述冲突场景提供重要的新作战概念支撑。

虽然美国当前武库中已有多种低当量/非战略核武器，当量范围涵盖 300 吨～1 万吨（B61－3 和 B61－4），但现有低当量核武器都是空基核武器，且仅在欧洲部署。空基核武器作为显性可见的核威慑发挥着重要作用。但是仅靠空基核炸弹难以实现有效作战。面对俄罗斯和中国日益完善的防空系统，空基核炸弹的突防能力面临越来越大的考验，且空基核武器基地的生存性差。因此，美国对其核力量的适度调整补充规划中，海基战术核力量成为重要补充，以增强美国核打击力量选项灵活性。

（二）海基核武器系统的技术特点是将其调整补充进美国战术核武库的重要原因

首先，海基核武器系统与空基战术核炸弹相比具有更强的突防能力，可提供更强的作战和威慑能力。随着中俄防空系统的日益完善，使得携带战术核炸弹的战斗机难以突防。而潜射弹道导弹则具有空基核炸弹无可比拟的突防能力。因此，选择潜射弹道导弹搭载战术核弹头增强了美国在区域冲突中的突防能力和作战效能。对于海基巡航导弹，2018 年 2 月 2 日美国国防部副助理部长索弗在《核态势评估报告》发布记者招待会讲话中指出，美国远期预计补充入库的海基核巡航导弹可能基于远程防区外（LRSO）武器系统设计。据报道，LRSO 武器可能具有隐身特性，因此也将具有较强的突防能力。

其次，海基核武器系统具有更强的生存能力。随着中国和俄罗斯精确打击能力的不断提高，美国认为其位于前沿部署的空基核武器基地生存能力大幅降低。在区域作战中对手首先打击情况下，空基核基地生存性脆弱。相比之下，海基战区核力量由于机动性具有更强的生存性特征。

再次，海基核武器系统作战部署不依赖他国。正如 2018 年《核态势评估报告》指出的，不同于核常两用飞机，低当量潜射弹道导弹系统和海基巡航导弹系统不需要或不依赖东道国的支持就可提供有效威慑，它们将提供额外的多样化平台、射程和生存能力。

最后，海基核武器能提供更及时可靠的作战指挥体系。美国在盟国部署空基核武器的作战使用流程较为复杂。相比之下，海基核力量指挥控制体系无需经过与北约最高司令部及盟国的沟通和协调，在一定程度上降低了武器使用控制层面上指挥控制程序的复杂度，提高了危机时核作战的及时性和可靠性。

二、海基低当量核弹头的可能技术策略

根据 2018 年《核态势评估报告》，美国近期和远期采用不同的策略研发海基低当量核弹头。近期拟在现有潜射弹道导弹上配置低当量核弹头；远期拟在目前尚不具备的海基巡航导弹（SLCM）上配置具有低当量选项的

核弹头。

近期计划发展的低当量潜射弹道导弹战斗部基于W76核弹头改型，代号为W76－2。W76是现役“三叉戟”Ⅱ型潜射导弹战斗部。2018年2月，美国核军工管理局政策办公室主任史蒂文·埃哈特在核威慑年度峰会上曾表示，W76－2“将通过现有弹道导弹战斗部只爆初级的配置来实现低当量”。W76－2当量可能低于1万吨TNT当量。美国非官方组织“科学家联盟”（FAS）研究员汉斯·克里斯滕森认为，W76－2的爆炸当量为5000～6000吨TNT当量。采用改型W76的原因是这种方案成本相对较低且具有现成的运载工具和平台，短期就可实现部署，可及时形成区域性低当量作战能力。

远期计划发展的低当量海基巡航导弹还没有形成确定性方案。2018年2月2日，美国国防部副助理部长索弗在《核态势评估报告》发布记者招待会上声称，远期海基核巡航导弹系统可能会基于美国空军目前正在设计的远程防区外导弹项目或基于美国曾经部署但于2011年全部退役的“战斧”核巡航导弹。这两型导弹配置的核弹头均采用现役W80核弹头的改型版本。W80是可变当量核弹头，具有低当量选项。这两套方案都符合2018年《核态势评估》报告所要求的“有效利用现有技术且确保效费比”原则。由于新的海基巡航导弹项目无法用像“三叉戟”D5一样的现有平台改造，因此可能需要7～10年的时间。

关于海基核巡航导弹的运载平台，美国国防部部长海腾宣称，目前正在考虑包括潜艇发射和水面舰艇发射在内的多种方案。其中，水面舰艇发射方式相对复杂，这是因为美国目前在役的水面舰艇均携带常规武器系统，如果将其改造为核武器运载平台，不仅需要对发射控制系统和通信系统进行核认证，还需要对舰员进行相应的训练和认证。

三、进展情况

低当量潜射弹道导弹战斗部的研发已获国会批准。W76-2研制计划即将在2019财年启动。核军工管理局和海军因此分别获资6500万美元和2250万美元。即将开展的工作包括：制定该计划研制阶段及其后续阶段的成本概算和进度安排；分析延期对计划成本和进度的影响；详细讨论相关军事需求以及估算W76-2的长期维护成本；导弹和改型后弹头的兼容性配合等相关研究工作。

尽管外界有质疑认为核潜艇作为低当量核武器的运载平台有引起误判及暴露潜艇位置的风险，但美国战略司令部司令海腾称美国已经制定了解决方案（具体方案未公开），可回避这两种风险。可见，低当量潜射弹道导弹战斗部的推进势在必行。

关于远期发展的海基核巡航导弹，非官方消息称，国会将在2019财年为新型SLCM拨款100万美元用于启动早期分析研究。

四、结束语

美国研制新型低当量海基核武器可补充延伸威慑能力，增强其核威慑的可靠性和可信性，以有效应对所谓俄罗斯等造成的威胁。这折射出当前国际安全环境发生了重大变化，重新回归大国竞争，核武器地位明显提升，对于核军备竞赛和核冲突风险将产生深远影响。

（中国工程物理研究院　康春梅）

（中国核科技信息与经济研究院　宋岳）

美俄战术核武器发展态势及军控问题

近一个时期，战术核武器再次成为美俄两国争锋的焦点。2018 年 2 月，特朗普政府发布的《核态势评估》报告中宣布，美国将发展低当量潜射弹道导弹核弹头，并恢复部署海基核巡航导弹；普京政府随即在 2018 年 3 月的国情咨文中公开炫耀，俄罗斯正在研制超声速空射核导弹和远程核鱼雷。

一、战术核武器的种类与特点

战术核武器一般是指用于支援陆、海、空战场作战，打击敌方战役、战术纵深内重要目标的核武器。其种类繁多，包括短程/中程核弹道导弹、核巡航导弹、核炸弹、核炮弹、核地雷、核深水炸弹、核水雷、核鱼雷等。相对于战略核武器，战术核武器具有以下特点。

（一）射程较短

核战术弹道/巡航导弹、核炮弹、核水雷、核鱼雷等射程、航程较短，轻巧灵活，便于伴随作战部队或在前沿基地部署。美国和俄罗斯在核裁军谈判中将射程在5500千米以下的核武器都划为战术核武器，但射程较短的核巡航导弹、核炸弹若由战略轰炸机携带将划为战略核武器之列。

（二）威力较低

战术核武器用于打击有限的、分散的战场目标，一般携带小当量核弹头，核爆当量一般为100吨～10万吨，但有时也将威力低于百万吨TNT当量的核武器通称为战术核武器。

（三）打击战术和战役目标

战术核武器主要用来解决区域冲突，打击敌方战术和战役纵深内的重要目标，支援更多有限的军事任务。但称为战术核武器的潜射巡航导弹一旦前沿部署到被攻击国边境，也就具备了能够摧毁许多战略目标的能力。

二、美国战术核武器发展态势

截至2018年3月，美国拥有大约300枚战术核武器。其中，在欧洲部署的战术核武器为150枚B61－3和B61－4重力炸弹，分别部署在比利时、德国、意大利、荷兰和土耳其5个国家的6个基地，为北约盟友提供保护。其余150枚存放在美国本土的中心储存库，用于支持欧洲之外的盟友，包括中东和东北亚地区。

（一）通过延寿改进精减核重力炸弹型号

B61－12核炸弹是美国在“3＋2”战略下实施的第一个延寿项目，是美国正在全力发展的首枚制导型核重力炸弹，将通过现代化改进，具有可变当量精确打击能力。B61－12将对B61－3、B61－4、B61－7和B61－10四个型号进行整合，采用B61－4的核弹头，核爆当量在1000吨、5000吨、

10000 吨和 50000 吨四个挡位可调。新研并改进雷管、高能炸药、氘氚气体传输系统等部件。在尾部增加制导尾翼组件，内置导航系统，打击精度从原来型号的 110 ~ 170 米提升到 30 米。结构大小与基本型号保持一致，长 3.6 米、弹径 33 厘米，重约 350 千克。根据美国核安全局的情况说明书，B61 - 12 延寿后可减少核重力炸弹 53% 的部署量及 87% 的核材料。B61 - 12 于 2010 年开始研制，2012 年进入工程研制阶段，计划 2020 年开始试生产，总计生产 480 枚，预计总投资 132 亿美元。

（二）改进升级核能力飞机

B61 核炸弹由 F - 15E 和北约盟国的 F - 16 双用途战机携带。为保持前沿部署能力，美国将为 F - 35 联合攻击机增加核任务能力，将其改进为核常双用途飞机（DCA），以替换老型号 F - 15E 和 F - 16 战斗机。特朗普政府在 2018 年的《核态势审议》报告中重申了“美国将保留、加强前沿部署核轰炸机及全球部署双用途飞机的能力……使部署在欧洲的战机尽可能保持战备状态，具有更高的生存性和实战性”。

（三）计划恢复部署海基核巡航导弹（TLAM - N）

奥巴马政府在 2010 年《核态势审议》报告中，宣布退役 1992 年后封存的 320 枚“战斧”海射核巡航导弹，认为“其任务可由其他前沿部署的武器系统完成”。而特朗普政府在新版审议报告中颠覆了上述决定，宣布计划恢复部署海基核巡航导弹，并将通过融合现代技术降低成本，为美国提供“所需的非战略性区域存在”“增强灵活性和低当量选择需求”，并增强美国在亚洲地区的威慑能力。

（四）发展低当量海基弹道导弹核弹头

在 2018 年《核态势审议》报告中，特朗普政府宣布近期将对少量现役“三叉戟” - 2/D5 潜射弹道导弹弹头进行改造，减小当量，作为突破敌方防御系统的快速反应手段；同时，还称“将通过对现有弹头的改进快速见到成效，有助于打消任何想利用美国地区核威慑能力‘短板’的错误念头”。特朗普政府已要求为能源部预算拨款6500万美元，启动低当量核弹头设计工作。弹头设计将基于现役“三叉戟”－2导弹的W76－1弹头，新弹头称为W76－2，改造数量被列为机密。

（五）作用与使用原则

一是战术核武器不仅是美国和北约国家应对潜在侵略者的威慑手段，也是北约联盟凝聚力的重要体现。在2012年5月北约会议通过的“威慑与防御态势审议”（DDPR）中指出：“核武器是北约威慑与防御全面能力的核心组成部分”。在北约组织2014年威尔士峰会与2016年华沙峰会上，重申了核威慑在联盟安全中的重要作用。

二是美国在欧洲部署的核武器是其向盟国提供延伸核威慑的最直接体现。特朗普政府在其《核态势审议》报告中几乎将延伸威慑全部聚焦到加强核能力，强调“仅仅依靠常规力量不足以保障盟友安全，需要美国向其提供延伸的核威慑保障”。

三是应对区域突发事件。新版《核态势审议》报告称：“美国保留对非核战略攻击技术发展与扩散以及应对相应威胁的能力做出调整的权利”。非核战略攻击包括生物、化学、网络及大规模常规侵略。

三、俄罗斯战术核武器发展态势

俄罗斯目前大约拥有1850枚战术核武器，分别部署在陆、海、空运载系统以及防御系统上（表1），隶属海军、空军、防空反导部队以及近程弹道导弹部队。

表1　俄罗斯战术核力量构成规模

类型/名称（北约）	发射装置数量	部署时间	弹头数量	当量/千吨	总弹头
反弹道导弹/防空导弹/海岸防御力量					
S－300（SA－10/20）	约800	1980/2007	1	低当量	约300
53T6"瞪羚"	68	1986	1	10	68
SSC－1B"萼片"	33	1973	1	350	约15
岸基航空兵（轰炸机/战斗机）390架					
图－22M3"逆火"		1974		3面空导弹	约570
苏－24M"剑客"		1974		2重力炸弹	
苏－34"后卫"		2006		2重力炸弹	
地基近程弹道导弹SS－21/SS－26	140	1981/2005	1		约140
地基巡航导弹SSC－8	8	2016	1		约8
潜射巡航导弹、反舰导弹、深水炸弹、鱼雷等					约760
非战略与防御性核力量总计					约1850

（一）"三位一体"攻防兼备配置

1. 陆基战术核武器

大约部署有148枚战术核弹头，由"圣甲虫"（SS－21）、"伊斯坎德尔"（SS－26）战术弹道导弹携带。其中，SS－26是公路机动型战术导弹武器系统，目前装备的是弹道导弹，未来还将装备巡航导弹，并逐步替代SS－21。目前已发展到"伊斯坎德尔"－M，最大射程500千米，战斗部重480千克，打击精度5～7米，已部署在加里宁格勒多个阵地。

2. 海基战术核武器

部署大约有760枚战术核弹头，主要装备在巡航导弹、反潜火箭、反舰导弹、鱼雷和深水炸弹上。典型的搭载平台是“亚森”级核动力攻击潜艇，能够发射配备核弹头的反潜火箭和巡航导弹，预计装备8~10艘。

3. 空基战术核武器

部署有大约570枚战术核弹头，主要配备在AS－4巡航导弹上，由图－22M3“逆火”中程轰炸机、苏－24M“剑客”战斗机和苏－34“后卫”战斗机搭载投放。

4. 反弹道导弹、防空和海岸防御战术核武器

部署有大约383枚战术核弹头，主要配备在53T6“瞪羚”、SSC－1B“萼片”和S－300（SA－10/20）等防空反导系统上。

（二）改进提升投送能力

俄罗斯正在建设一个大规模、多样化、现代化的非战略系统，这些系统具有携带核与常规武器的双重能力。俄罗斯发展的新型战术核武器包括违反《中导条约》的射程在500~5000千米的陆基巡航导弹。预计到2026年，将部署一支总数8000枚弹头的战术核力量，其中包括数千枚新型低当量和极低当量的核弹头，将部署在包括SSC－8中远程陆基巡航导弹、SS－N－2“口径”反舰对地攻击核导弹等新型中短程导弹上。

（三）作用与使用原则

根据俄罗斯《军事学说》，将核武器作为对常规打击和核打击的威慑手段及在攻击中实施报复与防御的手段。不排除在需要时有限制、有选择地使用核武器的可能性，而且这种使用没有战术与战略核武器的区分。

一是弥补弱势常规力量。针对国内经济不景气和周边国家的潜在威胁，俄罗斯在常规力量退化的情况下，必须更多地依靠战术核武器，以弥补与北约在常规军事力量上的不平衡。尤其是国家生存受到威胁的情况下，俄罗斯需要拥有核力量，防止任何侵略国或国家联盟在任何条件、任何情形下施加任何程度的破坏。

二是制衡北约东扩。北约东扩并有可能在接近俄罗斯边界的北约新成员国领土上部署核武器，从而加剧了俄罗斯担忧。尤其是作为“欧洲分阶段适应性计划”（EPAA）的美国反导系统可能在波兰和罗马尼亚以及接近俄罗斯领土的海洋部署，促使俄罗斯在解决周边区域冲突中可能会动用战术核武器。

三是“以升级实现降级”。如果与对手发生常规冲突，俄罗斯原则上将在战场上使用低当量核武器，该战略称为“以升级实现降级”。俄罗斯近来不断向其他国家彰显核威慑力，表明俄罗斯正在其军事战略与规划中提升核武器的作用，可能会在常规冲突中有限首先使用核武器。

四、战术核武器军控问题

由于美俄双方在战术核武器数量规模、安全作用和部署态势等方面存在差异，以及在定义、核查和计数等方面争议较多，战术核武器迄今为止还是美俄核军控条约中未曾实质触及的问题。

（一）透明度

在战术核武器裁军谈判过程中，增加透明度是不可或缺的步骤，不仅有助于建立双边互信，还有助于制定和执行核查措施。美俄曾在20世纪90年代初的论坛，以及20世纪末商议《第三阶段削减战略核武器条约》框架时，讨论过透明措施，但均未达成一致。尤其是俄罗斯，甚至不愿提供战术核武器库存的基础信息。在北约2010年完成新的“战略概念”、2012年完成“威慑与防御态势审议”之后开始意识到，如果北约不削减美国部署在欧洲的战术核武器，俄罗斯也同样不会削减。因此，近年来，美国国内许多分析者再次提议双方应将增加透明度作为战术核武器实际限制或削减谈判前的必要措施，可在最低限度上向对方提供战术核武器数量、类型、状态（如部署的、储存的或待销毁的）和相关运载系统的信息。还有人提议两国可互换已废弃战术核武器存储设施位置的信息，作为增进理解和沟通的方式。但反对者认为，这些对话不会产生实际效果，如果美俄在某些细节问题上限于泥沼，就不会谈判限制和削减问题。

（二）条约谈判

迄今为止，美俄之间的核军控谈判更多地关注战略核武器。除了1987年签署的《中导条约》（目前国际社会对其是否属战术核武器军控条约尚有争议），其他正式的核军控条约都没有涵盖战术核武器问题，包括2010年的《进一步限制和削减战略进攻性武器措施的条约》（简称新的START条约）。

如果美俄按照《中导条约》模式，谈判达成一个关于战术核武器的双边正式条约，也会由于双方在数量规模、安全作用、使用原则等方面存在实际差异，而使谈判进程艰难曲折。假设条约要求双方按照同一部署上限削减，需要俄罗斯大幅度动作，而对美国的影响不大。若按照相同比例削减，同样是俄罗斯需要深度削减。此外，美国仅有核重力炸弹，部署在欧洲和存储在本土，相对容易识别。但俄罗斯拥有多种类型的战术核武器，且大多数部署在西部临近欧洲的地区，少部分部署在东部临近中国的地区，情况复杂，核查难度较大。

一些分析家建议美俄在下一轮军控条约限制中应覆盖所有类型的核弹头，包括部署在战略运载系统和战术运载系统，以及储存状态的核弹头。据称，奥巴马政府曾考虑过这一措施，并研究了条约轮廓。这种综合性协议看似解决了两国战术核武器失衡问题，但不一定能够达成一致，因为双方都拥有一份对本国构成威胁的武器清单，也都在寻求在更多的协议中涵盖这些武器。俄罗斯外交部长谢尔盖·拉夫罗夫曾声称，未来的军控协议应包括对导弹防御、携带常规弹头的战略武器以及空间武器进行限制。而美国却不愿在下一个协议中涉及这些武器。因此，双方能够就哪些问题达成一致具有不确定性，下一轮谈判中会涉及哪些武器系统也无法确定。

（三）军控前景

大多分析者认为，美俄不可能在现有环境下在战术核武器限制或透明措施上取得任何进展。奥巴马政府时期曾表示，美国愿意保留在谈判桌上进一步谈判的机会，但“取得进展需要有意愿的伙伴和可执行的战略环境”。特朗普政府在2018年《核态势审议》报告中重申了这一点，称“军控的进步取决于安全环境和有意愿的伙伴”。同时还称，鉴于俄罗斯吞并克里米亚、入侵乌克兰及违反《中导条约》等多项军控协议，欧洲的安全环境改变，打消了北约国家削减战术核武器的意愿。

美国在新版审议报告中提议美俄之间就未来可能的军控协议轮廓展开讨论，但对其发展新型海基巡航导弹称，是对俄罗斯持续违反《中导条约》的一种回应，也是未来与俄罗斯谈判时讨价还价的砝码。这与1979年北约签订“双轨决议”时的做法一致，当时美国用部署“潘兴”-2导弹和巡航导弹促使苏联参与核武器削减谈判，为签署《中导条约》扫清了道路。

与“双轨决议”不同的是，美苏当时限制的是类似系统，但美国在新版审议报告中提出的，是用放弃发展新型潜射弹道导弹换取俄罗斯更长的武器清单。此外，“双轨决议”是用在欧洲部署新型导弹，制衡苏联对欧洲的潜在威胁。而美国提议放弃潜射弹道导弹与俄罗斯谈判，与新版审议报告称该型导弹对美国在欧洲的延伸威慑至关重要的论调是不一致的。即使美国在协议中限制在欧洲部署导弹，俄罗斯也会认为，其可轻松将部署在亚洲的巡航导弹移往临近俄罗斯的区域（《中导条约》通过采取全球限制措施解决导弹机动性问题）。最后，美苏在谈判《中导条约》条约时发现，核与常规巡航导弹的区分难度会迫使其对所有指定射程的巡航导弹做出限制，这会影响美国在解决全球冲突中使用常规潜射巡航导弹。

因此，美俄在限制战术核武器方面的谈判进程将是艰难曲折的，近期得出协商结论的可能性不大。如果再涉及导弹防御系统、非核战略武器、太空武器和北约优势常规力量等影响双边战略平衡的其他问题，谈判将更趋复杂。

（96658 部队　董露　许伟　汪恒）

美国 B61－12 核重力炸弹技术特点及使用问题

B61－12 核炸弹是美国近年来全力发展的首枚制导型核重力炸弹，即将完成定型进入小批量生产阶段。2018 年 6 月 9 日，美国空军与国家核安全管理局在内华达托诺帕靶场用 B－2A“幽灵”轰炸机成功投放了两枚 B61－12核炸弹，完成了质量鉴定测试，检验了该型炸弹的非核能力及飞机运载能力。8 月 16 日，美国桑迪亚国家实验室又公布了美军 F－15 战斗机测试投放B61－12核炸弹的全程视频影像，此次 F－15 战斗机分别从高空和距地面 250 米的低空进行了投掷试验。

一、B61－12 核炸弹基本概况

B61－12 核炸弹是美国在核武器现代化计划“3＋2”战略下实施的延寿项目，也是美国自 1996 年 1 月开始实施核武器延寿计划以来复杂程度最大、成本价格最高的延寿计划。

B61 核炸弹系列共发展有 14 种型号，9 种已退役，目前保留下来 5 种。

其中：B61－3、B61－4、B61－10 为战术核炸弹，部署在欧洲；B61－7、B61－11 为战略核炸弹，部署在美国本土。B61－12 核炸弹是在融合现役老型号核炸弹性能基础上研发的最新型号（图 1）。这反映了美国核武器技术发展的新理念，即通过更新、替换核武器部件，延长使用寿命，提高安全性、可靠性和有效性，并在合并精简核武器型号、减少维护量与测试成本的同时保持所需的军事能力。B61－12 核炸弹与基本型号保持一致，长 3.58 米、弹径 33 厘米，重约 380 千克，总重增加了 45 千克，延寿后服役寿命至少可增加 20 年。

B61－12 核炸弹设计开发始于 2008 年，2010 年《核态势审议》决定推进其全面发展，2016 年 8 月进入研发的最后一个阶段——工程化研制阶段（6.4 阶段），计划 2019 年开始武器化生产，2020 年 3 月生产出首件产品（6.5 阶段），之后开始全面生产（6.6 阶段），到 2025 年大约生产 480 枚。

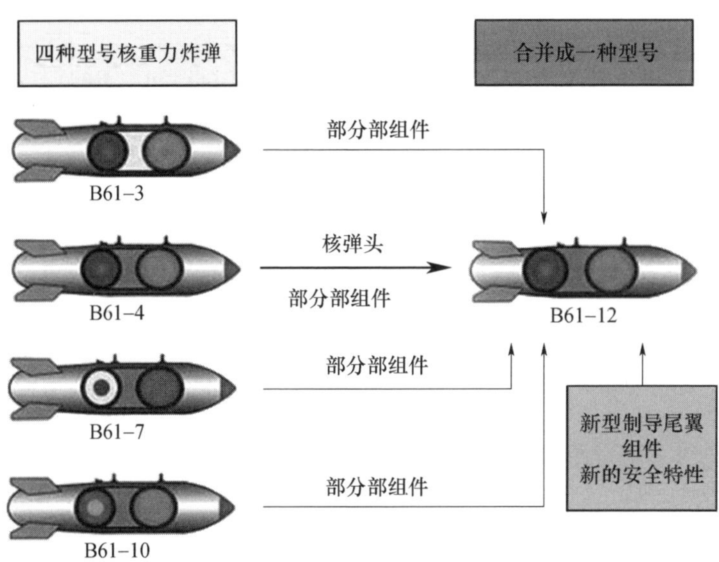

图 1　B61－12 核炸弹与其他四种 B61 型号的关系

根据美国五角大楼成本估算与项目评估办公室2012年7月向国会提交的报告，B61－12核炸弹研发费用大约100亿美元。美国政府问责局（GAO）2016年2月发布的报告称，NNSA负责的炸弹部分研发费用73亿美元，空军负责的制导尾翼组件研发费用16亿美元，再加上雷达等其他部件的开发费用8亿美元，共计97亿美元。国防部的独立评估报告认为，总费用会超过100亿美元。其中，弹体研制104亿美元，制导尾翼研制18亿美元，弹机结合10亿美元。

二、B61－12核炸弹战术技术性能及主要特点

B61－12核炸弹是一种威慑与实战能力并存的核武器，延寿的同时性能得到不断提升，高精度与低当量的结合使其具有独特的目标打击能力。图2为B61－12核炸弹结构及与老型号对比。

（一）集成度高，目标打击灵活性强

B61－12核炸弹的设计方案是将B61－3、B61－4、B61－10三种战术核炸弹与B61－7战略核炸弹整合为一种型号。B61－12核炸弹将与B61系列基本型采用相同的物理包，并采用B61－4核炸弹的弹头，对其他的核部件与非核部件进行改进，包括使用新研制的雷管、高能炸药、氘氚气体传输系统等。爆炸当量设置300吨、5000吨、10000吨和50000吨四个挡位，可按需要改变次级助爆气体填充量，通过当量调节系统，预先选择适当的当量，打击不同的战术与战略目标。

由于B61－12核炸弹兼具高精度和低当量特性，现役B61－11核炸弹也可退役，这样到21世纪20年代中期，B61－12核炸弹将成为美国核武库中唯一一种核重力炸弹，将担负起所有核炸弹的打击任务。B61－12核炸弹

延寿计划完成后，美国核重力炸弹的部署量将削减53%，所用的核材料数量将减少87%。

图2　B61－12核炸弹结构及与老型号对比

（二）兼容性强，具有多平台适用能力

目前，B61－3、B61－4、B61－10三种战术型核炸弹部署在欧洲，由F－15E、F－16、PA－200等近程战斗机携载；战略型核炸弹B61－7部署在美国本土，由B－2A等战略轰炸机携载。有别于当前核炸弹，其需由不同飞机携载用于打击不同目标，B61－12核炸弹属于多用途武器，且体型更小，对载机的适应性更强，不但可装备原有的战略轰炸机和战斗机，还可装备未来的F－35隐身战斗机、B－21及LRS－B下一代远程轰炸机，适用于美国和北约国家的所有核能力飞机平台，既可担负战略任务，又可担负战术任务，包括所有重力炸弹的打击目标。目前，B61－12核炸弹已经完成

F－15、F－16 以及 B －2A 飞机的搭载投掷测试，显示了该弹广泛的适用性。

由于原有 F－15E、F－16 战斗机不具备隐身能力，只能在不受敌防空系统保护的地区投放炸弹，打击范围和威慑作用严重受限。换装具有高度隐身能力的 F－35 战斗机将改变这一局面，为此美军研制时重点考虑了与 F－35平台的适应能力。据美国空军官员透露，F －35 隐身战斗机将于 2020—2022 年装备，逐步成为美部署在欧洲的新一代战术核力量。

（三）精准度高，杀伤打击效果强

B61 －12 是美国最新研制的智能化精确打击核炸弹，代表了其核弹头发展的先进技术水平。美国战略司令部（STARTCOM）司令罗伯特・凯勒将军曾于 2013 年向国会阐释，该型炸弹是美国审慎战略（Deliberate Strategy）的一部分，可提供赋予低当量核武器较高精度、较强军事灵活性以及较少放射性尘埃的打击方案。为提高打击精度，在核弹尾部加装了新型制导尾翼组件（TSA），可使其在保持有制导的自由落体能力的同时，还保持着弹道（非制导）运载能力。制导尾翼可引导炸弹瞄准目标，从而使核重力炸弹拥有了与联合攻击弹药（JDAM）相当的精度。系统未使用全球定位系统（GPS），而是采用具有抗辐射加固效应的内部制导系统。B61 －12 核炸弹将采用与 B61 －11 核炸弹类似的旋转火箭发动机，用于改进下降过程中的稳定性。

从美国 2015 年 10 月的全制导投掷试验影像来看，炸弹击中大约 30 米半径的圆内，表明精度从同类炸弹的 110 ~ 170 米显著提升到 30 米以内，是现有非制导炸弹精度的 3 倍多。武器精度提高 1 倍，其杀伤力效果等同于弹头威力提高 7 倍。因此，B61 －12 核炸弹精度的大幅度提升，使其打击效果大大增强，满足了为以往 B61 各型号设计的军事需求。

（四）具有有限钻地能力，可打击地下目标

B61－12 核炸弹可能还具有地下井等地下目标的打击能力。从《纽约时报》网站发布的桑迪亚实验室 2015 年 10 月 20 日 B61－12 核炸弹投掷试验的视频来看，B61－12 核炸弹在从飞机上投掷下来落到内华达沙漠后随即完全消失，表明其具有一定的钻地能力。

根据美国国家科学院 2005 年关于钻地弹及其他武器效应的研究结论：一是核武器在地下几米的深度爆炸，其摧毁深埋加固目标所需的核爆当量是地面爆的 1/25～1/15。因为核武器钻入地下爆炸，会将爆炸威力更加充分地传递到地下，这样就可在既定当量下更加有效地摧毁地下深埋目标。相反，若在地面爆炸，会导致大量的爆炸能量碎片跳离地面。二是若核钻地弹钻地深度达到 3 米，就具有地面冲击耦合效应的大部分优势。采用 B61－12核炸弹最大当量 5 万吨在地下引爆，产生的爆炸威力等同于 75 万～125万吨当量（B83－1 的最大当量）的核武器在地面爆炸。采用最低当量 300 吨在地下几米处引爆，地震耦合力等同于用 4500～7500 吨当量的核武器在地面爆炸。

此外，高精度与钻地能力结合，使 B61－12 核炸弹具有了用较低的当量摧毁地下加固目标的能力。美国目前唯一的一种核钻地弹 B61－11 是非制导型的，为了补偿精度差的问题，设计了较大的当量 40 万吨。而 B61－12 核炸弹精度 30 米，仅需要 5 万吨。但 B61－11 核炸弹能够穿透冻土，目前尚不清楚 B61－12 核炸弹是否具有类似能力。尽管打击地下目标不是 B61－12核炸弹升级的目标，但 B61－11 核炸弹将于 21 世纪 30 年代服役期满，“3＋2”战略中也没有涉及其延寿计划。从这一点来看，B61－12 核炸弹未来很可能要承担起 B61－11 核炸弹的军事任务，其后续在钻地能力上的改进还需进一步观察。

（五）具有较强的安全性、安保性，便于使用控制

美国核安全管理局表示，B61－12 核炸弹在延寿过程中将尽可能最大化地再利用原有部件，避免高风险技术，解决所有老化问题，并增强可靠性、安全性、安保性和有效性，使其便于现场维修，强化使用控制。B61－12 核炸弹继承并改进了以往型号的安全性、安保性设计。在投掷模式下，核炸弹从载机上被投放 31 秒后引爆。表 1 为 B61－12 核炸弹与往型号的安全与控制特性对比。B61－12 核炸弹结构及控制系统如图 3 所示。

表 1　B61－3/4/7/10 与 B61－12 核炸弹的安全与控制特性

型号	控制特性	钝感高能炸药（IHE）	类型	耐火弹芯（FRP）	增强核爆安全装置（ENDS）
B61－3	Cat F PAL/AMAC	是	PBX－9502	否	否
B61－4	Cat F PAL/AMAC	是	PBX－9502	否	否
B61－7	Cat D PAL/AMAC	是	PBX－9502	否	是
B61－10	Cat FPAL/AMAC	是	PBX－9502	否	是
B61－12	Cat F PAL/AMAC	是	PBX－9502	否	是

允许行动链路（PAL）：一种装载在弹头引爆控制系统中的密码装置，用于核炸弹发射时解锁。通过输入预设密码来解除保险，防止非授权引爆核武器。B61 系列核炸弹采用 6 位 D 型密码锁或 12 位 F 型密码锁，这两种系统均具有“有限次尝试”功能，如果超过规定次数，电路将自动毁坏，使武器系统丧失攻击能力。B61－12 核炸弹采用的是 12 位数字密码锁。

轰炸机监测与控制系统（AMAC）：装备在轰炸机上的轰炸监测与控制系统，可监测和控制轰炸机投掷的核弹安全性、保险解除和引爆功能，是实现 PAL 的途径。

钝感高能炸药（IHE）：改进的常规高能炸药，与早期的高爆速、大能量炸药相比，对冲击更加不敏感，在火烧、撞击、跌落或枪击等情况下发

生爆炸的概率较低。

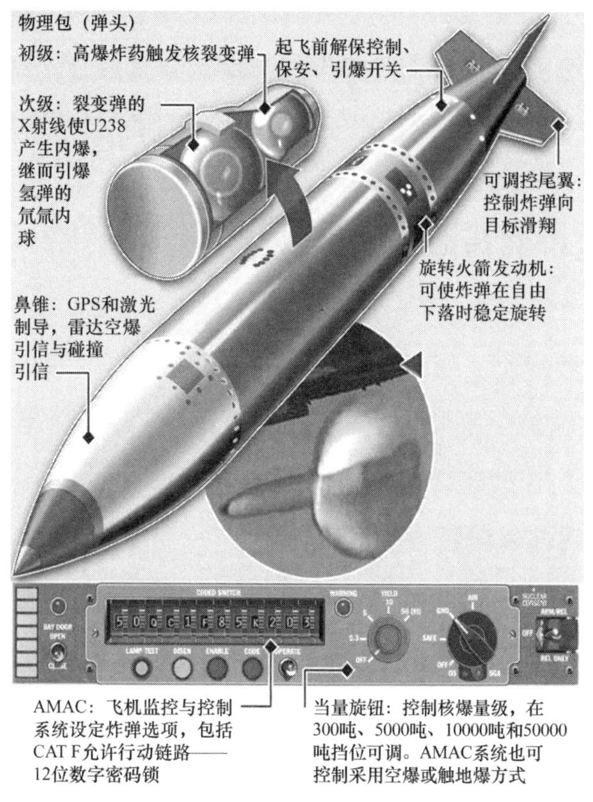

图 3　B61－12 核炸弹结构及控制系统

塑黏炸药（PBX）：1979 年以来，美国能源部一直使用由洛斯阿拉莫斯国家实验室开发的此类炸药。其基本原理是将易爆化学物与塑料黏合剂材料结合起来，用黏合剂包裹爆炸材料，降低其对冲击和热的敏感程度。

耐火弹芯（FRP）：现代核武器的一个安全特征，可防止钚在高温下汽化散落造成大面积污染。基本设计思想是，在初级钚球外设计包覆一层耐高温、抗腐蚀的材料，使钚芯能够承受大约 1000℃ 的高温（航空燃料燃烧的温度）。美国核武库中大约有 1/3 的核弹头采用了此安全设计。由于

B61－12核炸弹采用B61－4核炸弹的核弹头，未采用耐火弹芯。

增强核爆安全装置（ENDS）：桑迪亚国家实验室1972年开发的系统，作用是将核武器引爆控制系统的关键电气部件与各种意外“能量源”隔离开，防止核武器在异常环境或事故状态下过早解除保险而启动引爆控制系统。

三、B61－12核炸弹发展使用问题

B61－12核炸弹研发与部署问题一直以来广受美国智囊机构、军控界及公众的质疑。美国科学家联合会曾致信白宫与国防部办公室，指责该计划与政府的核政策与核战略背道而驰。

（一）在欧洲部署问题

在欧洲部署B61－12核炸弹会引发多种问题：

一是军控形势复杂化。20世纪50年代末60年代初，美国在欧洲首次部署核炸弹，当时北约计划用启动核突击的方式抵抗苏联部署在东欧的庞大的坦克部队。冷战后，美俄曾达成一揽子条约和协议，削减各自部署在欧洲的核武器，美国因此从欧洲撤出了大部分战术核武器，但目前仍在欧洲5个国家的6个基地部署有大约150枚B61战术核炸弹。美国甚至在2018年7月举办的北约峰会期间提议将在欧洲部署B61－12核炸弹，对此，俄罗斯总统普京曾在公开场合发出警告，称俄罗斯将采取措施应对。这样一来，美俄对抗局面将进一步加剧，军控协议的履行和落实将更加困难。

二是政治价值受质疑。在当前国际形势下，欧洲国家的政府几乎不会授权本国飞行员对前来入侵的俄罗斯军队投放核武器。2016年7月，北约在华沙峰会发布的联合公报中重申了盟国要前沿部署核武器，敦促有关盟国在同意分担核负担协议的情况下尽可能广泛参与。虽然像这样的官方声

明几年前就有了，但实际上涉及的所有政府都避免在议会上或与公众详细讨论核武器问题。部分原因是担心由于欧洲存在这些核武器，会引发公众不满，从而导致政府下台的政治后果。

三是存在安全与安保隐患。保障储存在欧洲基地的核弹的安全，需要每年花费数亿美元的巨额资金，且这些海外储存的核武器还存在落入敌人手中或成为恐怖袭击目标的危险。一些场址曾出现过安保问题，如2010年在比利时克莱纳布罗赫尔空军基地就发生过激进分子爬上基地围墙事件。

（二）载机携载与后续发展问题

一是任务界定。由于战略轰炸机和战斗机均可携载B61－12核炸弹，那么未来执行作战任务时，如何界定具有可调当量的B61－12核炸弹是在进行战略打击还是战术打击？如何解决用战略轰炸机携载完成战术打击任务的问题？

二是研发的必要性。作为核力量全面现代化的一部分，美国还在研发由B－52H与B－21隐身轰炸机携载的新型远程防区外武器。该型武器是针对俄罗斯和中国的防御能力而研制的，具备突破一体化防空系统、在抗GPS环境下工作、危机时从远距离打击高价值目标的能力。计划21世纪30年代开始替代现役空射巡航导弹。在有替代武器的情况下，美国是否还有必要发展由远程战略轰炸机携载的B61－12核炸弹成为置疑。

三是研发维护费用高。B61－12核炸弹不仅研发费用高达100亿美元，维护费用也较高。2017—2021财年，维护需要3767万美元。仅B61－12核炸弹的开发维护及集成到新型F－35联合攻击战斗机上的费用，大约3.5亿美元，这一估算还不包括改型费用。

（96658部队　董露　许伟　王飞）

美国 Vega“次临界”实验分析

2017 年 12 月 13 日，美国在内华达试验场地 U1a 区完成了 Vega“次临界”实验，这是美国禁核试后的第 29 次“次临界”实验。“次临界”实验通过高能炸药爆轰驱动钚材料，研究钚在类似核爆条件下的动力学特性，是认识核武器爆炸过程（初级内爆过程）的重要实验，是最接近地下核试验的核武器研究手段，也是观察美国禁核试条件下核武器研究能力发展状况的重要窗口。

2018 年，美国核军工管理局及其下属核武器实验室在多份报告中陆续披露了 Vega“次临界”实验的相关信息。

一、实验基本情况

（一）Vega 是一次综合“次临界”实验

美国将“次临界”实验分为综合“次临界”实验和分解“次临界”实验。分解“次临界”实验用于研究单一的、基础性的武器物理问题或材料特性，而综合“次临界”实验则用于研究系统级的武器物理过程。在美国已经进行的29次“次临界”实验中，绝大多数是分解“次临界”实验；但第27次Pollux（2012年）、第28次Leda（2014年）和这次Vega“次临界”实验都为综合性“次临界”实验，证实了美国在2010年后提出要加强综合实验，包括新型综合“次临界”实验的核武器研究新动向。

（二）Vega也是美国首次采用钝感高能炸药驱动的“次临界”实验

Vega“次临界”实验的目的有两个：一是研究钝感高能炸药的驱动性能及相关钚动力学行为，并与传统高能炸药情形进行对比，加深对核爆行为的理论认知；二是支持用钝感高能炸药替换传统高能炸药的弹芯（核武器的关键部件）再利用研究计划，该计划与美国现役核武器现代化改造的方案选择研究有关。由于钝感高能炸药比传统高能炸药对冲击、跌落、火烧等异常刺激更加不敏感，可提高核武器的安全性，因此用钝感高能炸药替换传统高能炸药是美国现役核武器现代化改造的一项重要研究前沿。但是，在没有经历地下核试验验证的情况下，更换核武器的炸药类型具有极高的技术风险，故Vega“次临界”实验对于分析和判断美国禁核试后的核武器研究能力具有重要意义。

（三）Vega经历了漫长的前期准备，进行了多次前期准备实验

Vega“次临界”实验及其前期准备实验合称Lyra“次临界”实验计划，于2014年启动，由洛斯阿拉莫斯国家实验室牵头负责。前期准备实验未使用真实材料（钚材料），用于研究炸药驱动性能和替代材料与钚材料的性能差异，以及验证Vega“次临界”实验的实验装置设计、诊断技术配置、实验后的密封处理等问题，确保Vega“次临界”实验能成功进行。有两次前期准备实验在内华达试验场地的U1a区进行，代号分别为Orpheus和Eurydice；另外还有1次代号为H3667的前期准备实验在洛斯阿拉莫斯国家实验室的X射线闪光照相装置上进行。前期准备实验结束后，核武器实验室预期 Vega“次临界”实验可以直接验证 11 项关于核武器初级的物理猜想；但 Vega“次临界”实验完成后获得了丰富的实验数据，核武器实验室认为可以直接验证 15 项关于核武器初级的物理猜想。

二、实验特征分析

相比美国以往的“次临界”实验，Vega“次临界”实验的以下特征值得关注。

一是研究人员可直接对比钝感高能炸药和传统高能炸药驱动内爆的动力学差异。根据美国核武器实验室披露的信息可知，2012 年 12 月在内华达试验场地 U1a 区进行的 Pollux“次临界”实验与 Vega“次临界”实验采用了相同的实验装置构型和靶材料。但是，Pollux“次临界”实验采用传统高能炸药 PBX9501 驱动靶材料内爆（PBX9501 是美国现役潜基弹道导弹核战斗部 W76、W88 和陆基洲际弹道导弹核战斗部 W78 所使用的传统高能炸药部件），Vega“次临界”实验则采用未透露型号的钝感高能炸药驱动靶材料内爆。因此，核武器实验室可根据实验结果直接比较不同类型的炸药在驱动相同结构的实验装置和相同材料的靶时的内爆动力学行为差异，并充分考查这种差异带来的影响。

二是 Vega“次临界”实验由于增加前期准备实验的复杂性而带来明显好处。Pollux“次临界”实验的前期准备实验仅采用一种替代材料，进行了两次实验；而 Vega“次临界”实验的前期准备实验则采用了三种替代材料，进行了三次实验，且其中代号为 Eurydice 的第三次前期准备实验更是采用了特殊核材料（尽管不是核武器所用的真实材料）。核武器实验室披露，Vega“次临界”实验的前期准备实验的复杂设计，为认识钝感高能炸药的爆轰驱动性能以及真实材料与替代材料之间的性能差异提供了更丰富的数据，且多种替代材料也有利于降低过度依赖一种替代材料可能引入的误差，有利于改进核武器初级动作模型，减少模型校准错误。

三是 Vega“次临界”实验的靶内表面光学测试能力大幅进步。在内爆过程的极短时间和狭小空间内，尽量获取高面密度物质的动力学特性数据，一直是综合“次临界”实验的测试诊断面临的重大挑战。Vega“次临界”实验继承了 Pollux 和 Leda“次临界”实验的测试诊断平台，包括负责对靶内爆过程进行透射照相的“天鹅座”X 射线辐射照相装置、负责对靶内表面进行测速和成像的光学测试系统等，但对配置在内部的光学测试系统进行了全方位升级，在狭小空间内一次性集成了三种光学测试技术，数据获取能力明显增强。

（1）在靶内表面移动速度测量方面，Pollux 和 Leda 使用的是第一代多路复用光子多普勒测速仪（该技术发明曾获 2012 年美国 R&D100 大奖），能获得靶内表面 128 个点的速度信息，单次实验可获取约 300 万个表面移动速度数据；而 Vega“次临界”实验将多路复用光子多普勒测速仪升级到第三代，尽管未公布测试点的数量，但根据第二代多路复用光子多普勒测速仪的 184 个测速点推测，Vega“次临界”实验的靶内表面测速点较 Pollux 和 Leda“次临界”实验大幅增加。同时，核武器实验室还宣称第三代多路复用光子多普勒测速仪的信噪比大幅提升。

（2）近几年研发的动态立体表面成像技术也被成功地集成到第三代多路复用光子多普勒测速仪中，Vega“次临界”实验因此首次成功获取了内爆过程中的靶内表面立体图像。核武器实验室披露，动态立体表面成像技术在 2014 年的 Leda“次临界”实验中第一次被演示，但当时做不到立体成像。

（3）Vega“次临界”实验还将宽频激光测距技术与动态立体表面成像技术一道集成到了第三代多路复用光子多普勒测速仪中，第一次尝试了靶移动距离的直接测量，但测试效果未披露。

三、结束语

近年来，美国日益重视综合“次临界”实验在核武器工作中的作用，试图不断通过“次临界”实验来解决关键的核武器研究挑战，由此“次临界”实验的发展趋势也具有实验类别更丰富、实验设计更复杂、实验诊断能力更强大、实验频次更密集等特点。但是由于高度保密性，无论 Vega“次临界”实验还是更早的 Pollux、Leda“次临界”实验，相关信息一般都在一个相当长的时间跨度内碎片化地零星披露，因此今后还需对 Vega“次临界”实验的后续信息进行持续跟踪和进一步分析。

（中国工程物理研究院科技信息中心　汪先府）

2018年美国核战斗部现代化活动进展

美国当前核武库中有B83、W87、B61、W80、W78、W88和W76七种型号核武器，共计12种子型号，目前正在对5个型号开展现代化工作，包括B61－12核炸弹延寿计划、W88核战斗部引控系统现代化计划（Alt 370）、W76－1核战斗部延寿计划、W80－4核战斗部延寿计划以及W87/Mk21引信现代化计划。

在2018财年，国家核安全局为现代化延寿活动投入17.4亿美元，比2017财年增长30%。在2019财年，将继续投入19.2亿美元，将实施7个现代化计划，包括上面提到的5个现代化计划和2项新启动的现代化任务。2项新任务涉及W76核战斗部的低当量改型（W76－2）和W78战斗部的延寿或替换方案研究（以前提到的IW－1）。

一、B61－12核炸弹延寿计划

第一枚B61核炸弹1968年开始服役，部署在美国空军和北大西洋公约组织（NATO）的军事基地中，是美国核武库中历史最悠久、应用最广泛的弹头。为提升其安全、安保和可靠性，历史上对其进行了多次升级，目前核武库中的 B61 有 5 个子型号，分别是 B61 –3、B61 –4、B61 –7、B61 –10 和 B61 –11。

B61 –12 核炸弹延寿计划的主要目的是解决老化问题并适配可能的新投射平台（如 F35、B21 等），策略是整合并取代现有的 B61 –3、B61 –4、B61 –7、B61 –10 四种子型号，使 B61 –12 核炸弹具备可调当量特性，并引入波音公司开发的制导尾翼提升打击精度。据官方资料显示，B61 –12 核炸弹长度约 3.6 米、重量接近 370 千克，目前使用的运载工具为 B –2A 战略轰炸机、F –15E 和 F –16C/D 战斗机以及北约的 PA –200 两用飞行器，投递方式为自由落体或导航模式，未来将使用 F –35 战斗机和 B –21 战略轰炸机。该计划总投资额度在 100 亿美元左右，在 2008 年 9 月授权进入可行性研究和方案筛选阶段（6.2A），经过了 4 年的开发工程阶段（6.3）后于 2016 年 6 月进入生产工程阶段，预计在 2019 财年进入试生产阶段（6.5），在 2020 年 3 月完成首发生产（图 1）。

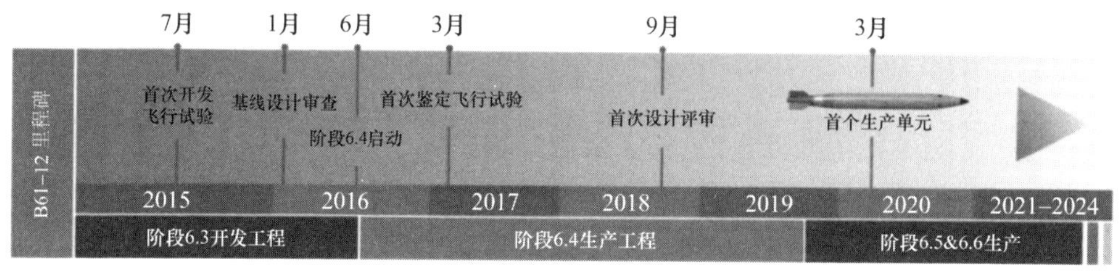

图 1　B61 –12 核炸弹 LEP 里程碑进程

近年来，B61 –12 核炸弹延寿计划的年度经费处于高位，研发活动频繁，并在着力开展生产准备活动，在 2018 财年的重大进展是通过了最终设计评审。在 2016 财年、2017 财年和 2018 财年，B61 –12 核炸弹的拨款额度分别为 6.4 亿美元、6.2 亿美元和 7.9 亿美元。2018 年 9 月，该计划通过系统最终设计评审，标志着炸弹设计最终定型。在最终设计评审前，该计划开展了一系列研发活动和生产准备活动，包括：2017 年 3 月开始延续至 2018 年底在 F－15、F－16、B－2A 等飞机上开展的几十次不同飞行条件下的鉴定飞行试验，以便保证炸弹与飞机的兼容性，提供新尾翼组件的可靠性证据，以及演示飞机投递能力和炸弹的非核功能；2017 年延续至 2018 年的生产工艺熟化与鉴定工作，以便定型生产工艺，准备首件生产。2018 年 10 月，Y－12 宣称已获得 B61－12 核炸弹次级罐装子组件的鉴定评价许可，后续将进行首件产品的生产授权。

2019 财年，B61－12 核炸弹延寿计划的拨款额度为 7.9 亿美元，将用于开展产品级、系统级研制试验和生产准备活动，支持相关部件从设计到生产的转型（如生产厂将开展生产工艺鉴定活动），启动部件生产和运输活动。

二、W76－1 核战斗部延寿计划

W76 是美国海军“三叉戟”潜射弹道导弹上携载的热核战斗部，于 1978 年首次进入武库（称为 W76－0）。W76－1 核战斗部延寿计划的主要目的是解决 W76－0 的老化问题，包括重新鉴定 W76－0 弹芯、原样更换初级高能炸药、整修次级以及使用新设计的引控系统（AF&F）和充气系统（GTS），与此同时还计划升级安全性能，总投资额度约 41 亿美元。

W76－1 核战斗部延寿计划批产近十年，批产任务已完成 95%，2018 财年的工作重点是为战斗部列装到军方开展准备活动。该计划在 2008 年 9 月完成了首发生产，2009 年实现首批交付，目前批产任务已完成 95%。近年来，随着该计划逐渐接近尾声，其年度经费大幅减少，在 2018 财年、

2019 财年的拨款额度分别为 2.2 亿美元和 0.5 亿美元，主要用于生产监测试验替换部件、采购备件和零部件等。

三、W88 核战斗部引控系统现代化（改型 370）计划

W88 热核战斗部于 1988 年进入武库，部署于海军的“三叉戟”Ⅱ D5 潜射弹道导弹系统上，由“俄亥俄”级战略导弹潜艇携载。W88 核战斗部现已服役近 30 年，将通过 W88 改型 370 现代化计划解决老化问题，涉及的现代化升级活动包括：替换引控系统，增加一个避雷针连接器，翻新主装药。该计划总投资额度在 26 亿～32 亿美元，在 2012 年 10 月进入研制工程阶段（6.3），在 2017 年 2 月进入生产工程阶段（6.4），预计于 2019 年 9 月进入试生产阶段（6.5）、2019 年 12 月完成首发生产（表 1）。

表 1　W88 Alt 370 在 2017—2019 年的关键里程碑

里程碑	完成日期
6.4 阶段授权	2017 年 2 月
第五次研发飞行试验（FCET－53）	2017 年 2 月
AF&F 最终设计评审；系统设计最终评审	2018 年 1 月
第六次研发飞行试验（CET－1）	2018 年 5 月
系统鉴定评价发布（QER）	2019 年 7 月
首次鉴定飞行试验（DASO－30）	2019 年 8 月
6.5 阶段授权；AF&F 首件生产（FPU）	2019 年 9 月
第二次鉴定飞行试验（DASO－29）	2019 年 12 月
系统首发生产（FPU）	2019 年 12 月

近年来，W88 改型 370 计划的年度经费处于高位，部件设计鉴定和定型类研发活动接近高峰，在 2018 财年通过了最终设计评审和提前获得了部

分零件的生产授权。在经费方面，2017 财年、2018 财年和 2019 财年的拨款额度分别为 2.8 亿美元、3.3 亿美元和 3.0 亿美元。具体活动方面，于 2017 年开展了首次全功能飞行试验 FCET－53，还通过地面核安全试验证明了设计方案能满足极端环境要求。于 2018 年 1 月获得最终设计评审，标志着设计的最终定型。在 2018 财年还开展了包括生产工艺熟化和生产鉴定在内的一系列的生产准备活动。

四、W80－4 核战斗部延寿计划

W80－1 核战斗部于 1982 年被部署在空射巡航导弹上，目前巡航导弹及战斗部都已远超出预期寿命。国防部拟采用远程防区外巡航导弹来代替空射巡航导弹以确保核威慑，国家核安全局则通过 W80－4 核战斗部延寿计划实现对战斗部的延寿，延寿后的 W80－4 核战斗部将装备在远程防区外巡航导弹上。W80－4 核战斗部延寿计划总投资额度在 68 亿～99 亿美元，将基于 W80 核战斗部实施再利用、整治和替换方案，关键设计要求包括：使用现有的钝感高能炸药（IHE）设计；结合新式部件和现代安全特征；最大限度地利用为其他延寿计划开发的非核部件；探索增强确信性方案以及与空军合作开展战斗部/导弹接口方面的工程化工作。W80－4 核战斗部延寿计划由桑迪亚国家实验室负责开发非核部件和子系统，利弗莫尔国家实验室负责核炸药包。

近年来，W80－4 核战斗部延寿计划开展了方案研究工作，在 2018 财年进入成本分析阶段。在 2016—2017 财年，该计划成功完成了需求关口评审，初步分析了设计方案、生产需求、项目管理计划和 6.2/6.2A 阶段日程安排，提前两年选择出了满足军方需求且具有较低成本和风险的设计方案。2017 年 9 月交付了基础总线开发套件支持与远程防区外巡航导弹的集成。

该计划目前正从可行性研究和方案筛选阶段过渡到成本分析阶段。随着研制工程阶段的临近（预计在 2019 财年），年度拨款额度逐渐攀升，在 2017 财年、2018 财年和 2019 财年的拨款额度分别为 2.2 亿美元、4.0 亿美元和 6.6 亿美元，预计在 2025 年完成试生产活动。

五、W87/Mk21 引信现代化计划

W87/Mk21 引信现代化计划将为超期服役的 W87/Mk21 更换新的引控系统（AF&A），由国防部主导，委托桑迪亚国家实验室进行引信部件研制，桑迪亚国家实验室在引信设计上使用了与 W88 改型 370 计划相同的雷达模块、热电池组件和程长模块。

W87/Mk21 引信现代化计划目前处于研制阶段，2018 财年的研发活动频繁。2017—2018 财年，桑迪亚国家实验室针对 W87/Mk21 引信部件开展了一系列研发活动，包括多次地面环境试验（图 2）、首次飞行试验的准备试验以及部件基线设计评审等，据官方消息，在 2018 年底将进行首次飞行试验。2018 财年的研制经费约为 1.73 亿美元，与 2017 财年拨款基本持平。预计在 2022 年完成试生产活动，批生产活动将持续到 2029 年。

图 2　W87/Mk21 引信开展敌对地面环境试验（爆炸管试验）

六、W78 战斗部延寿或替换方案研究

W78 延寿/IW－1 计划在 2015 财年暂停。2010 版《核态势评估报告》明确建议启动 W78 延寿/IW－1 计划，除了对 W78 核战斗部进行现代化升级外，还要考虑洲际弹道导弹（ICBM）和潜射弹道导弹（SLBM）装配可互用 W78 战斗部的可行性。后来，该计划于 2011 年正式启动，在 2012—2014 财年落实了研发经费，开展了方案可行性研究，但在 2015 财年被国会暂停，并暂定于 2020 财年重新启动。

2018 财年，美国明确提出在 2019 财年重新启动 W78 延寿/IW－1 计划，并拨款 5300 万美元用于方案可行性研究。但关于该计划的具体技术策略，国会对 NNSA 将采用可互用战斗部（IW－1 策略）替换 W78 的做法表示担忧，要求 NNSA 全面分析多种延寿方案：一是将 W78 弹芯更换成 W87 弹芯（主装药为钝感高能炸药），面临的主要风险是要依赖近期弹芯生产能力的重建情况；二是将 W78 的主装药从普通高能炸药（CHE）更换成钝感高能炸药，将主要面临认证风险；三是采用与 W76 延寿计划类似的方式整治 W78 战斗部，即考虑将普通高能炸药主装药原样替换，这种方案面临的风险较小。此外，国会还要求 NNSA 针对多种方案开展成本、进度等相关事项的研究，并对当弹芯生产能力有缺口时的影响进行评估；同时，还需制定认证策略解决使用钝感高能炸药和再制造弹芯所面临的认证风险。

（中国工程物理研究院科技信息中心　彭丽霞　胡鸣怡）

国家点火装置拟提升激光器输出能量

一、背景介绍

2017年9月，劳伦斯利弗莫尔国家实验室科学家在第十届国际惯性聚变科学与应用会议（IFSA 2017）上首次披露了拟提升国家点火装置（NIF）激光器输出能量的想法和最新动向。2018年10月，劳伦斯利弗莫尔国家实验室发布数份报告，公布了相关试验进展及结果。本文将介绍国家点火装置提升激光器输出能量的相关背景及试验进展，并对该事件进行简要分析。

国家点火装置是美国基于科学的武库维护计划资助建造的旗舰性装置之一，其首要目标是在实验室实现可控热核聚变。国家点火装置于1993年立项，1997年动工建造，其激光器由192路激光束组成，设计目标是利用波长为0.35微米的激光束向靶室输送1.8兆焦、500太瓦的激光能量和峰值功率，通过黑腔将激光能量转换成X射线后，利用X射线驱动填充DT燃料的靶丸内爆，即通过间接驱动方案实现聚变点火（图1）。2009年，国家点火装置建造完成，试运行结果表明，激光器的输出能量、峰值功率、光束同步性、光束指向性等均满足或超过设计指标。

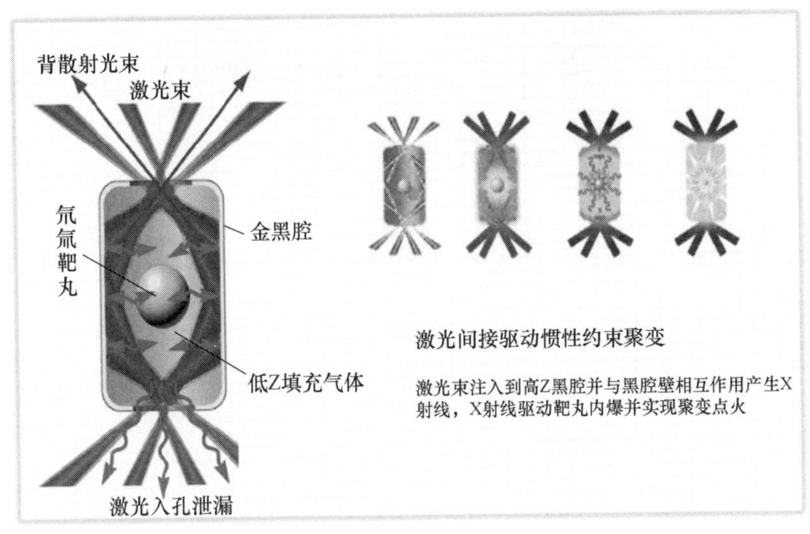

图1　国家点火装置间接驱动惯性约束聚变点火过程

2009年至今，为实现点火目标，NIF团队进行了诸多方案的尝试，但受黑腔中辐射场不对称性等因素的限制，NIF迟迟未能实现点火目标。迄今为止的NIF点火研究通过改变激光脉冲、黑腔以及靶丸设计，并通过不同的组合进行了多种方案的尝试。尽管聚变中子产额不断提升，但获得的最高中子产额仍与点火所需相去甚远。试验与模拟研究结果表明，激光束进入黑腔后，在激光等离子体相互作用不稳定性的影响下，光束无法传输到预定区域，其后果是引起驱动靶丸内爆的X射线辐射场的不对称性，最终导致无法对称地压缩靶丸。为了改善光束传输性能，NIF团队提出了“大黑腔”的设计策略，即通过增加黑腔壁与靶丸之间的空间，为激光束的传输提供更宽的“通道”。试验与模拟研究结果表明，“大黑腔”设计可使激光束传输到预定区域（图2），因此该设计有助于改善黑腔中的辐射场不对称性。

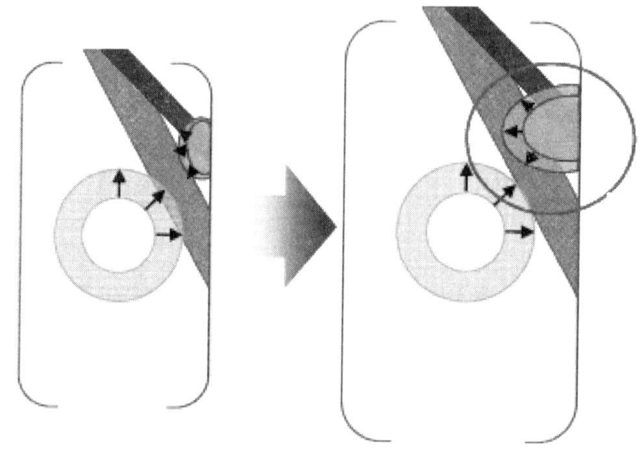

图 2 “大黑腔”设计可改进激光束传输性能示意图

（黑腔壁和靶丸之间空间的增加，可为激光束的传输提供更宽“通道”）

尽管“大黑腔”设计能显著提高辐射场对称性，但该设计增加了黑腔的内表面积和内空间，在激光能量—靶耦合效率无法进一步提升的情况下，为了将黑腔中的辐射温度保持在点火所需的水平，需要提高注入到黑腔中的激光能量。目前来看，受 NIF 激光器排布的限制，通过提升单路光束的输出能量来提高注入黑腔的总能量是唯一具有可能性的方案。为了评估这种可能性，2017 财年 NIF 团队启动了一项名为“Quad 光束性能攻关”的试验研究。该攻关也是近年来 NIF 团队在探索点火道路上采取的“最大举措”。

二、“Quad 光束性能攻关”简介

“Quad 光束性能攻关”的根本目的是评估提升 NIF 激光器输出能量

的可能性。为此，NIF团队的策略是先测试其中四路光束（一个Quad），再根据试验结果进行外推。将主要进行4个方面的测量、基频光输出性能、3倍频光输出性能、终端光学元件的损伤情况，以及激光能量提升所需的一次性费用和运行费用评估与估算。图3为NIF的光束输入结构。

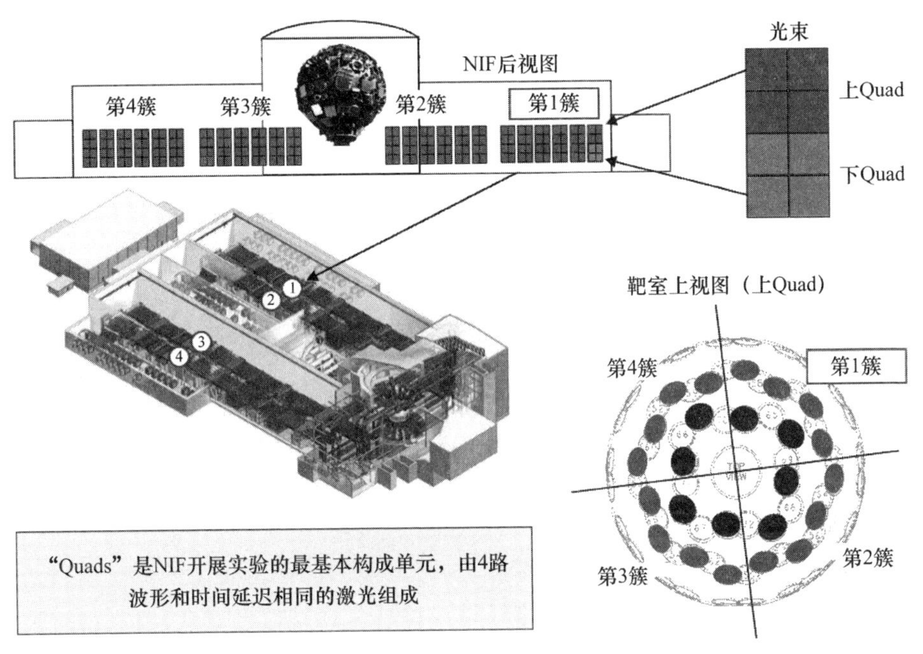

图3　NIF的光束输入结构

"Quad光束性能攻关"采用了逐步提升光束输出能量的试验策略，并在终端光学元件中使用了迄今为止最好光学损伤缓解措施。2017财年的"Quad光束性能攻关"包括25次试验：8次用于逐步提升能量并进行基频主激光器部分的准备；5次用于使传输镜面和终端光学元件逐步适应提升的输出能量；6次能量提高的试验；6次用于"光学元件清洗"的低能量试验。终端光学元件采用的光学损伤缓解措施包括：利用第三代先进缓解工艺对三倍频熔石英光学元件和光栅碎片防护罩进行了处理；在光栅碎片防护罩（AR－GDS）表面镀了抗反射薄膜以减少传输过程中的能量损失和杂散光的影响；在 AR－GDS 和一次性碎片防护罩（DDS）之间增加了一层薄熔石英碎片防护罩（FSDS），以保护前者免受 DDS 感应碎片造成的损伤等。

"Quad 光束性能攻关"的基本结论：单路光束基频光输出能力超过预期；单路光束的 3 倍频输出能量可在现有基础上提升约 46%；受损光学元件修复需求与实验室当前具有的修复能力匹配；所需的一次性经费和运行费用为 NIF 当前年度运行经费的 7.5% ~17%。首先，最大输出能量试验中，每路光束输出的基频光能量高达 22.5 千焦。光束的输出性能与所需的性能高度匹配，两者之间的差异在 2% 以内。输出功率与所需功率之间的匹配度在点火试验所需的范围内。单路光束的 3 倍频输出能量达到了 13.7 千焦，相当于 NIF 全光束运行三倍频输出总能量可达到 2.6 兆焦（13.7 千焦 ×192≈2.6 千焦）。其次，2.6 千焦运行条件下，修复受损光学元件的循环频率将达到 2000 块/年，约 42 块/周，在当前 34 块/周的基础上增加 8 块/周。经费方面，在 2017 财年 NIF 光学元件配置的基础上，实现 NIF 在更高能量条件下运行所需的总经费将达到 750 万 ~1700 万美元（表 1），占 NIF 当前每年运行经费的 7.5% ~17%。

表 1　NIF 以更高能量运行所需的启动经费

启动经费	使用场景	经费/万美元	开发周期/年
FSDS	所有	75	1
DPR	所有	225	1
低效率 AR－GDS	TBD	450－1100	1.5 ~2
体损伤强度更高的 THG	2.5 兆焦以上	300	1.5 ~2

三、结束语

2017 财年 NIF 团队开展的“Quad 光束性能攻关”，透露出 NIF 团队关于点火前景以及未来规划的一些基本看法：在当前激光能量—靶耦效率下，1.8 兆焦的输出能量无法实现点火。2017 财年“Quad 光束性能攻关”结果表明，提升 NIF 激光器能量输出能力在技术上不存在障碍，如果能够通过相应的评审且在经费到位的前提下，NIF 团队有可能对装置进行改进并赶在“定论之年”进行点火的“终极尝试”。

值得说明的一点是，NIF 提升激光器输出能量的“重大举措”看似无奈，但并非空谈。几十年来，NIF 团队来在光学元件损伤机理、损伤防护、光学元件修复、光学元件循环使用策略等领域的研究为此次攻关提供了技术支撑和保障。

（中国工程物理研究院科技信息中心　康春梅）

从俄罗斯“匕首”高超声速导弹看空射弹道导弹技术发展

在美国公布新版《核态势评估》报告不久，俄罗斯总统普京在2018年3月1日宣布了六种超级武器，其中一种是“匕首”高超声速空射弹道导弹。根据俄方报道，该导弹由米格－31战斗机投放，最大飞行速度可达马赫数10，最大射程为2000千米，可全天候实施机动，能够突防全球现役和在研的反导系统，能够打击航空母舰、驱逐舰和巡洋舰等大型水面机动目标。但对美国来讲，这不是什么新鲜事，其已经研制了技术成熟的用于导弹防御的近、中、远程弹道导弹靶弹系统。

一、空射弹道导弹技术发展概述

空射弹道导弹技术源于美苏在20世纪60年代争霸背景下提出的战略导弹空中发射设想，主要使用大型货运飞机、军用运输机、战略轰炸机或特种航空器将导弹携带到高空后释放分离，导弹获得正确姿势后发动机点火，然后在制导系统的制导下对远距离目标实施打击。

（一）美国空射弹道导弹技术发展

20 世纪 50 年代末期，美国军方验证了采用战略轰炸机在高空发射弹道导弹的能力，并最终确定道格拉斯航空公司为主承包商，发展 GAM－87“天空闪电”空射弹道导弹（后更名为 AGM－48）。“天空闪电”导弹为两级固体导弹，长 11.66 米，直径 0.89 米，重 5 吨，射程 1850 千米。每架 B－52H轰炸机可挂载 4 枚导弹。由于前 5 次有动力和制导的飞行试验均告失败，1962 年 12 月该计划被终止。

1974 年 7 月，美国空军正式启动了“空中机动发射可行性验证”计划，探索使用 C－5A“银河”运输机空射“民兵”－1 洲际弹道导弹的可行性演示验证，并在 3 个月内完成 21 次试验，前 20 次是基础试验，其中包括两次模型弹空投。1974 年 10 月 24 日，该项目完成了最后一次空投及点火试验，导弹点火后飞行了 25 秒，试验取得圆满成功。

1975 年，美国开始研究利用 F－15 飞机挂载反卫星导弹的空射反卫技术。1984 年至 1986 年共进行了 5 次飞行试验。该导弹由两级固体火箭和动能杀伤拦截器组成。但鉴于政治及技术等多种原因，1988 年该项计划终止。

在禁止发展空射弹道导弹的情况下，美国试飞并装备了近、中、远程空射弹道靶弹。短程靶弹弹体由已退役的“民兵”－2 弹道导弹的第二级构成，中程靶弹由单级商用固体火箭发动机 Castor IVB 构成，远程靶弹由两个“民兵”－2 的第二级构成。这些靶弹已多次用于试验反导防御系统，与空射弹道导弹区别不大。

（二）苏联/俄罗斯空射弹道导弹技术发展

20 世纪 60 年代后期，苏联提出使用安－22 运输机空射 SS－N－6 弹道导弹的设想。20 世纪 70 年代至 80 年代，苏联进行了多项空射弹道导弹的技术研究。著名的南方设计局在 1983 年提出以图－160 战略轰炸机作为载机，采用内置式空射“矛隼”弹道导弹方案。该导弹起飞质量 24.4 吨，弹径 1.6 米，弹长 10.7 米，射程 7500 千米，载荷 1.5 吨。受当时制导精度的限制，并未完成研制。同时，苏联也重点研究探索使用米格 -31 和图 -160 进行反卫星导弹系统试验。

苏联解体后，原来研发洲际导弹的设计局纷纷提出从导弹衍生而来的运载火箭方案，其中包括许多空射方案。由于巨大的技术挑战、复杂的政治因素以及严峻的经济状况，直到 20 世纪末，俄罗斯及独联体国家都很少有进行空射弹道导弹/运载火箭飞行试验的消息。在 2010 年前，网络上曾出现过米格 -31 搭载“伊斯坎德尔”战术弹道导弹系统的 9M723 改装导弹的示意图。从 2017 年 12 月 1 日起，首个装备“匕首”空射弹道导弹系统的航空系统在俄罗斯南部军区投入试验性战斗值班，米格 -31 携带“匕首”导弹在各种天气条件下已累计完成了 250 飞行架次的训练。

二、空射弹道导弹的空射方式

按照空射弹道导弹在载机上的装载方式，空射方式主要分为以下四种。

（一）内置式

内置式是将导弹置于载机的机舱内，发射时机舱打开，通过外力作用使导弹沿着机舱导轨滑出，从而实现与载机的分离。传统的内置式重装空射方式需要使用技术难度高而复杂的降落伞系统完成导弹的牵引出舱和减速降落。空射前，导弹装载在飞机货舱里的货台支架内，头部朝向尾舱门。投放时，采用空降作战的重装空投技术，依靠牵引伞产生的巨大牵引力把卧放在货台上的导弹拖出尾舱门。优点是可以携带尺寸和重量较大的导弹，导弹处于良好环境里不受外部环境影响，对载机气动外形没有影响，对载机和导弹改动很少。美国实用化的用于导弹防御试验的空射弹道导弹靶弹的内置式重装空投发射技术已成功进行了多次实弹飞行。

最新发展的内置式重力空射技术（GAL）是使用储存/发射托架（SLC）利用地球引力完成导弹滑落出舱。SLC 的底座由铝合金制造，其宽度兼容载机货舱导轨和空投货台，底座上面有两列“八”字形倾斜放置的飞机着陆轮胎。第一部分由 26 排 52 个轮胎组成，导弹平时就放置在轮胎中间以便于储存和运输，发射时作为传送托架；第二部分由 9 排双轮、3 排四轮共 30 个轮胎组成，这部分放置于载机的斜面货舱门上。空射前，导弹安装在载机货舱内的 SLC 上，发动机朝向尾舱门。空投时，载机上昂 6°～8°飞行，在重力作用下导弹沿着发射托架的传送轮胎快速滑出舱门。优点是仅仅利用重力，简单、安全、可靠、经济，从某种意义上可以说降低了空射技术的门槛。

（二）下挂式

下挂式是将导弹悬挂固定于载机的机翼下或机腹下，发射时启动载机上的连接分离机构，实施对有效载荷的投放。采用下挂式，载机可以在高空水平巡航飞行或是实行大攻角跃升机动时投放，导弹自由落下后依靠翼面提供升力并保持稳定，数秒后发动机点火。优点是分离投放简单，大攻角跃升投放更是能给导弹较高初始速度和正确姿势。缺点是导弹尺寸、重量和形状受较大限制，同时对载机气动外形有一定影响；特别是水平投放的导弹在平飞转入加速爬升时承受过载和动压较大，较大的升力和控制翼面增加了导弹的结构重量。这是目前最成熟的发射方式。俄罗斯已列入战斗值班的“匕首”高超声速空射弹道导弹的空中发射就采用此方式。

（三）背驮式

背驮式是将导弹固定于载机的背部，发射时通过导弹巨大的机翼产生足够大的升力（同时可能需要载机做失重或部分失重机动飞行）使导弹与载机分离。其优点是可以装载尺寸和重量很大的导弹。缺点是要对载机进行较大改动，改装费用高；对载机气动外形有较大影响，导致升力阻力增大，载机飞行高度受到较大限制；导弹必须有很大的翼面以便分离时产生足够升力，并采取主动控制技术以避免与载机相撞；如果是液体火箭，则存在推进剂受热汽化挥发问题。在许多两级入轨运载器概念设计中，都是由超声速/高超声速飞行器作为可重复使用的第一级背驮一次性使用的上面级火箭。到目前为止还没有实用化方案，只有美国的航天飞机验证机“企业”号使用改装的波音747飞机在高度5.8~8千米进行过分离着陆试验。

（四）拖拽式

拖拽式是将导弹用缆绳拖拽在载机后面起飞升空直至发射。其优点是空中分离简单可靠，对有效载荷尺寸限制较小，牵引飞机不必进行很大的改装。缺点是如果牵引绳断裂或起飞离地后，则要取消任务，存在安全处置问题；导弹必须有滑行机轮和较大机翼，增加了结构重量；存在严重的推进剂受热汽化挥发问题。1998年，NASA的“日蚀”计划曾对这种方式进行了研究，使用一架C－141动输机拖曳一架模拟被牵引火箭的F－106战斗机进行了6次飞行试验。

三、空射弹道导弹发射关键技术

从空中发射的技术现状来看，虽然已经取得了相当的技术成果，积累了一定的经验，但是其发展面临着来自诸多技术领域的严峻挑战。

（一）投放分离技术

导弹与载机的分离不仅关系到任务的成败，还关系到载机的安全。由于空射弹道导弹重量与尺寸较大，分离时会对载机的运动产生较大的影响，需要确定弹道导弹在空中发射平台上的安装位置，进行重量、重心的分析、设计与控制，充分考虑分离系统与组合体（载机和有效载荷）的操控性与稳定性、有效载荷投放分离的安全性。下挂式的分离发射技术比较成熟，但其他几种运载方式的分离技术离实用化还有一定的距离。

传统的内置式重装空投方式需要使用技术难度高而复杂的降落伞系统完成导弹的牵引出舱、减速降落。美国“民兵”-1导弹最后一次点火飞行试验，C-5A运输机将“民兵”-1携带到6100米高度后巡航飞行，倒计时30分钟，货台与货舱紧固连接装置解锁，弹上制导系统加电；倒计时为0，投出牵引伞，两具直径9.75米连接货台上的牵引伞均匀张开，巨大的牵引力拖着货台沿着导轨加速滑出尾舱门，随之三具减速伞张开。

（二）空中点火姿态控制技术

导弹与载机分离后，必须把导弹的姿势逐步调整到正确方向发动机才能点火，这个过程有很大的难度。美国弹道导弹靶弹投放时，C-17A运输机将靶弹携带到一定高度后，导弹及货台由索引伞拖出飞机货舱，由减速主伞和小型稳定伞控制下落速度与姿态，在降落伞减速落下过程中，将导弹姿势调整到接近垂直位置，爆炸螺栓立即切断环抱导弹的连接装置与货台架连接，发动机随即点火，导弹在推力作用下开始爬升。

（三）动基座下的捷联惯导系统初始对准技术

惯导系统作为一种自主导航设备，自主性强，隐蔽性好，短时间具有较高导航精度等；但导航误差随时间累计增长，导航精度同时受惯性元件测量精度和初始对准精度影响等。地面发射时发射点的坐标是经过精确测量的，而空中发射的导弹属于动基座，从载机起飞至有效载荷分离，飞行距离远，飞行时间长，惯导系统的漂移影响较大，因此初始对准精度要求比较高。初始对准精度直接影响火箭或导弹等有效载荷的入轨精度。因此，研究解决动基座下的捷联惯导系统初始对准技术非常必要。国外在惯导系统动基座传递对准技术方面已经取得突破，如美国的“飞马座”小型空射运载火箭就成功应用了动基座传递对准技术。

（四）多学科设计优化技术

空中发射技术是一个涉及空气动力学、飞行力学、结构分析、飞行控制等多个学科领域的复杂系统。传统的按照单个学科或系统的研究及设计方法已不能满足需要。多学科设计优化（MDO）方法可以较好地综合考虑气动、飞力、结构分析与设计、飞行控制等方面的要求，实现载机改造与导弹设计的一体化。但是，目前大多数 MDO 研究往往只涉及气动、结构等学科，其他学科很少涉及，并且 MDO 模型的精确度和方法还很不完善。因此，发展和完善 MDO 方法，形成实用的多学科设计优化平台，将会为空中发射技术解决一系列优化技术难题。例如，分析如何在保证承载的要求下，使空中发射平台结构的改动量最小，导弹载荷的总体设计优化，导弹载荷与载机在外形、几何、气动等方面的匹配问题等。

（五）其他技术

除了以上技术问题之外，还需要解决空中发射平台的选择和改装技术、机载测发控系统技术、导弹水平运载和发射的适用性技术等问题。解决这些关键技术，需要进行大量的计算仿真、试验验证等工作。

四、空射弹道导弹的优势

空射弹道导弹具有机动、灵活、快速、廉价的优势，其特点是：发射点机动灵活，生存能力强；载机发射不需要建立庞大的地面基础设施，人员数量也可大为缩减；可显著提高导弹的打击距离等。

（一）增加运载能力和提高射程

地面发射时，导弹一级发动机要消耗大量燃料克服穿越低空稠密大气层产生的气动阻力。空射时，载机相当于可重复使用的一级，给导弹一个初始速度和高度。另外，相对减轻导弹的结构重量，这样不仅会增加导弹的运载能力，而且可以提高射程。

（二）机动范围大，生存能力强

空中平台飞行速度远大于地面车辆，因此机动范围远远大于地面机动，且机动方向令敌方探测系统难以捉摸，战时生存概率大大提高。

（三）全方位发射，突防能力强

空中发射可对敌实施多方向打击，特别针对敌方导弹防御系统传感器和拦截火力薄弱的方向进行突防，可显著缩短敌方预警时间，提高打击成功概率。

（四）集成化程度高，对地面基础设施依赖性小

地面发射需要庞大基础设施，精心规划排定整个发射流程，充分考虑发射场及落区的安全性。空射弹机一体，系统集成化程度高，对地面基础设施依赖度很低，具有很强灵活性。

（96658 部队　郭纲　郭吉兰）

俄罗斯“海燕”核动力巡航导弹发展分析

2018 年 7 月 19 日，俄罗斯国防部新闻发言人称，“海燕”核动力巡航导弹的研制工作正按计划进行。核动力巡航导弹以核动力装置作为推进系统的组成部分，在弹体内装载小型核反应堆，首先由非核发动机发射升空，然后在飞行过程中利用核反应堆芯产生的高温使空气膨胀，产生巨大的压力推动导弹高速飞行。俄罗斯国防部强调，“海燕”是一种低空飞行、可携带核弹头的隐身巡航导弹，射程几乎无限，飞行轨道变幻莫测，可以绕过拦截，现在和未来所有的防空反导系统都对它束手无策。苏联和美国早在 20 世纪 50 年代就开始进行核动力巡航导弹的技术开发，后因多种因素而被中止。俄罗斯 21 世纪初为应对美国退出《反导条约》、解除导弹防御系统发展束缚，而重新启动核动力巡航导弹的研制。2018 年 3 月 1 日，俄罗斯总统普京在向俄罗斯联邦议会发表国情咨文时表示，2017 年底，俄罗斯在中央核试验场成功进行了核动力巡航导弹的试射。

一、俄罗斯“海燕”核动力巡航导弹发展现状

在 2002 年美国退出《反导条约》后，俄罗斯重新开始研制核动力巡航

导弹，而苏联于20世纪中期实施的M－60核动力飞机项目取得的成果为其研制发挥了基础性作用。普京在国情咨文中称，核动力巡航导弹试验飞行过程中，核动力装置达到目标功率，保障了必要的推力水平。导弹飞行试验和综合地面试验的成功，使俄罗斯可以转向研制配备核动力巡航导弹的战略武器系统。

（一）研制单位与代号

俄罗斯有“彩虹”和“创新者”两家研制巡航导弹的公司。根据普京的介绍，核动力巡航导弹应该以陆基或者海基的方式部署。“彩虹”公司只生产空基巡航导弹，陆基和海基巡航导弹由“创新者”公司研制。“创新者”公司研制了陆基“伊斯坎德尔”－K战役战术系统使用的R－500型巡航导弹，以及著名的“口径”海基巡航导弹。不久前，在“创新者”公司的公开文件中，提到了9M729和9M730两型新的产品。第一种9M729产品是普通的远程巡航导弹，但对9M730没有披露任何资料信息。不过可以研判，9M730产品显然处于积极的发展阶段，对该产品在国家采购网站上进行了几次招标。因此，可以认为9M730产品即普京所称的“核动力巡航导弹”。

（二）试验

普京所称的核动力巡航导弹在俄罗斯中央靶场进行了试验。中央靶场位于阿尔汉斯克州新地岛的涅诺克斯，1954—1990年用于核武器试验。目前，在该靶场进行“次临界”核试验，对正在服役的核弹头使用期限进行评估。从这里发射的导弹可沿俄罗斯北部海岸飞行，射程达几千千米。要对这一距离的导弹遥测参数进行记录，需要航空数据测量机。被称为“飞行的实验室”的伊尔－976飞机参加了“海燕”导弹的试验。当时网上出现了伊尔－976的照片，同时俄罗斯发布了一项特殊的国际警告——飞行员通知，并禁止舰船和飞机在该地区航行。伊尔-976是20世纪80年代在伊尔-76MD军用运输机基础上建造的航空数据测量机，主要用于在弹道导弹、巡航导弹和弹头测试过程中进行雷达观测和记录遥测数据。1986—1989年，苏联共建造了5架伊尔-976，其中，4架在20世纪90年代末和21世纪初退役，并封存在茹科夫斯基，1架在2001年出售给他国。2016年，俄罗斯为实施"国有核能公司"计划，开始修复和升级2架伊尔-976，拆除了其标志性的蘑菇状天线，安装了新的雷达设备。2017年8月，经过现代化升级后的第一架伊尔-976完成首飞，引发美国高度关注和警觉。外界认为，该机未来将主要用于新型核弹头测试等。

虽然普京称核动力巡航导弹试验取得了成功，但据美国CBNC电视台2018年5月22日报道，俄罗斯进行的所有核动力巡航导弹试射均未成功。该电视台援引来自美国情报部门的报告称，尽管俄罗斯的研制人员已经表示，核动力巡航导弹系统尚未完全准备好，但有关部门并未顾及研制人员的担心与顾虑，2017年11月到2018年2月进行了4次试验飞行。其中，飞行时间最长的一次也仅持续了约2分钟，飞行距离约35千米，之后导弹失控并坠毁。在进行这些试验飞行时，导弹由其他动力装置发射升空，之后应启动核动力装置，但核动力装置在所有试验中均未启动。事后的报告也未提及对人群和周围环境造成污染的问题。

二、俄罗斯"海燕"核动力巡航导弹系统组成与性能

目前，俄罗斯官方公布的"海燕"导弹有关情况极少，根据普京的讲话及媒体相关报道综合研判，该型导弹系统的组成与性能大致如下。

（一）系统组成

导弹的自行式或者固定式发射装置；飞行信息准备设备；对飞行任务和目标指示进行修正的远程无线通信设备；为导弹系统提供情报和目标指示的设备；导弹和核能装置的准备与维护设备；系统的武器与运输设备等。

（二）发射装置

“海燕”导弹试验时，使用的是机动型靶场发射装置。该型发射装置在9K52“月亮”－M导弹系统的发射装置基础上研制，发射集装箱在4K44“堡垒”导弹系统的发射集装箱基础上研制。

（三）导弹

“海燕”导弹与现代陆基和海基巡航导弹的特征类似，主要区别在于尺寸和组成部分。导弹由以下部分组成：弹体中间部分，弹体中部两侧带有侧进气口和排气管的推进系统，折叠后掠翼和尾翼。

（四）动力装置

“海燕”导弹的动力系统不仅有核能装置，从普京演示的视频中可以看到，导弹发射时产生的标志性烟雾，表明发射时使用的是固体燃料发动机。在将导弹加速到要求的速度时，固体发动机脱落，之后导弹仅依靠核动力装置提供的推力继续飞行。据普京称，小尺寸且超大功率的核能装置可以安装在俄罗斯Kh－101或者美国“战斧”这类巡航导弹的壳体内。Kh－101空基巡航导弹长7.45米，弹径0.742米，翼展3米。而美国“战斧”导弹弹长5.56米，弹径0.527米，翼展2.65米。从上述数据可以看出，俄罗斯已经实现了核反应堆的小型化。

三、俄罗斯“海燕”核动力巡航导弹主要特点

与使用常规动力的巡航导弹相比，核动力巡航导弹有着巨大的优势，特别是由于航程远、突防概率高等特点，使其成为俄罗斯应对美国发展反导系统的有效手段。

（一）航程远，空中待机时间长

核动力装置功率巨大，据普京称，运用核动力装置的巡航导弹，航程可以超过现有巡航导弹的数十倍。俄罗斯现役 Kh－101 巡航导弹的射程超过 5000 千米，据此推算，核动力巡航导弹的射程将至少在 50000 千米以上。同样，也因为由核反应堆提供巨大的动力，其在空中的待机时间也相应大幅增加。

（二）部署灵活

由于航程的增加，对核动力巡航导弹发射装置火力阵地的部署要求也有所降低。对实施打击的时间没有特别限制时，核动力巡航导弹可以从地球上的任意地点发射，之后朝任意方向飞行。

（三）突防概率高

巡航导弹可以进行低空飞行，再加上隐身设计，本身已经具备一定的突防能力。由于对航程没有实际限制，核动力巡航导弹的飞行路线不仅可以最佳化和最短，还可以运用敌方防空系统战场区的数据，计算出最有利的飞行路线，使飞行弹道具有不可预知性，最大限度地规避敌方对飞行导弹的及时侦察预警，保障具有较高的突防概率。因此普京称，“没有一种反导拦截弹或防空导弹可以阻止核动力巡航导弹”。

（四）打击能力强

核动力巡航导弹可以携载核弹头。同时，由于核动力装置可以保障的超远航程，部署地点具有多种选择，以及较高的突防概率，其对敌方实施的攻击也更具威力，可以达成较强的突袭效果。

四、俄罗斯“海燕”核动力巡航导弹的作战运用

普京在发表国情咨文时所进行的计算机演示视频显示，核动力巡航导弹飞越了大西洋的美国海军导弹防御区域，从南部绕过南美洲，由太平洋向美国领土发起攻击。俄罗斯军事专家苏雷金认为，“海燕”核动力巡航导弹不属于进攻性战略武器，而是属于遏制性战略武器。在战争之前局势紧张的危机时期，俄军可以把“海燕”导弹发送至其巡航区域内，这样可以遏制敌方对俄罗斯及其盟友的打击。此外，“海燕”巡航导弹还可以担负报复性核打击或者先发制人核打击任务。

五、俄罗斯“海燕”核动力巡航导弹后续发展需解决的问题

俄罗斯此次成功试飞的是核动力巡航导弹的试验样品。据普京称，由于试飞成功，俄罗斯可以转向研制携载核动力巡航导弹的作战武器系统。而俄罗斯一旦着手研制用于实战的核动力巡航导弹，还需要解决以下问题：

一是需要建立维护“海燕”导弹的专用基础设施。这种基础设施要比现有导弹技术基地更加复杂，因为要维护的是携载核反应堆的导弹。这类导弹不会是小批量生产，可能是几十枚，也可能是数百枚，这就要在基础设施建设上做出巨大投入。

二是未来“海燕”导弹需要解决部署问题。“海燕”导弹可从陆基井式或者机动型发射装置上发射，也可能从海基或者空基各种不同类型的运载平台上发射。为保障“海燕”导弹运用的隐蔽性，俄罗斯需要研制不同类型的发射平台，相应也要研制若干种改进型“海燕”导弹。

三是有必要创建大面积巡航区域数字地图。为确保“海燕”导弹的实战运用，有必要创建大面积巡航区域的数字地图，包括等待战斗命令的区域和目标路线的多种方案数字地图。极有可能还会构建一个飞行中导弹目标信息接收系统，以保障“海燕”导弹攻击的灵活性和随机改变优先打击目标的顺序。

四是需要建立“海燕”导弹故障安全降落（坠毁）系统。该系统目前已在俄罗斯国防部的核试验靶场进行试验，而一旦进入实际运用阶段，“海燕”导弹将要在核靶场之外进行飞行试验。

五是“海燕”导弹应该装备电子战设备和突破敌方防空系统的设备。并不是所有的防空边界都可以从外围绕飞。在敌方每个目标的周围，都可能建有严密的防空区域，而“海燕”导弹则应该具备突破这种防空区域的能力。常规巡航导弹通常依靠数量来实现对防空系统的突破，但核动力巡航导弹的成本比非核导弹要贵一个数量级，因此必须装备强大的电子战设备和突破敌方防空系统的设备，以应对高技术条件下的制胜需求。

（96658 部队　李梅）

高超声速武器突防能力及关键技术发展

高超声速武器通常是指在临近空间以马赫数5以上速度飞行，未来有可能形成远程、快速、精确打击能力的飞行器。目前，世界上以美俄为首的军事强国正在发展包括高超声速巡航导弹、助推滑翔武器等在内的高超声速武器。高超声速武器在现有防空反导体系下具有较强的突防能力，一旦研制成功并实战应用，将有可能改变未来战争的作战样式，并将对国家安全产生重大战略性影响。

一、国外高超声速武器发展现状

高超声速武器以独特的作战优势使其成为世界各国竞相发展的主要武器装备之一。目前，美俄两国率先开展了多种类型高超声速武器的论证和试验，并取得了重大技术突破。

（一）美国高超声速武器发展情况

美国高超声速武器主要分为吸气式动力高超声速巡航导弹与助推—滑翔式高超声速导弹两类。其中，高超声速巡航导弹典型演示验证项目包括

X－51A、HyFly、HAWC 等，助推—滑翔式高超声速导弹典型演示验证项目包括 CSM、HTV－2、AHW、TBG 等。

高超声速巡航导弹典型演示验证项目。X－51A 是美国空军和 DARPA 于 2003 年联合发起的一项计划，重点是验证双模态超燃冲压发动机技术用于高超声速飞行的可行性，从而为发展机载高超声速巡航导弹打下基础。在 2013 年 5 月的第四次试验中，导弹以马赫数 5.1 的速度成功飞行约 420 千米。美国目前已经生产出 4 台 X－51A 验证机。“高超声速飞行演示”（HyFly）计划始于 2002 年，由美国海军和 DARPA 联合论证。该项目重点是研究双燃烧室冲压发动机技术，目标是发展射程 1100 千米、巡航速度为马赫数 6.5 的高超声速巡航导弹。目前，该项目开展的三次试验均未取得成功。“吸气式高超声速武器概念”（HAWC）项目于 2013 年正式确立，为美国全球快速打击体系下的高速打击武器（HSSW）项目的两个子项目之一。作为 X－51A 的后继项目，HAWC 项目的目标是为发展一型射程 925 千米左右、速度为马赫数 6 的高超声速巡航导弹进行关键技术开发和验证。目前，HAWC 项目关键技术成熟计划和系统演示验证工作正在同步推进。

助推—滑翔式高超声速导弹典型演示验证项目。目前尚在进行中的项目有先进高超声速武器（AHW）和战术助推滑翔（TBG）项目。TBG 项目是 HSSW 项目中的另一个子项目，旨在研发一种空射、战术射程的高超声速滑翔式导弹武器，最高速度达马赫数 9，射程数百千米，后续还将考虑与海军垂直发射系统（VLS）整合。此前，美国洛克希德·马丁、雷声、波音等公司都曾获得 TBG 项目的竞争性合同，该项目计划于 2019 年前后试飞。AHW 项目是美国陆军 2006 年启动实施的助推—滑翔高超声速导弹武器化项目，于 2008 年被美国国防部作为备选方案纳入 CPGS 计划中，成为美国建设其常规快速全球打击能力的重要组成部分。

（二）俄罗斯高超声速武器发展情况

俄罗斯当前高超声速飞行器主要采用吸气式和助推—滑翔两种方案并行的发展思路。其中，正在实施且影响较大的计划主要有“鹰”计划、“彩虹”－D2 计划、“针”计划和“4202”项目。

俄罗斯曾研究了一种飞行速度为马赫数 6～14 的“鹰”高超声速试验飞行器，其试验计划是将试飞器安装在“撒旦”（SS－19）导弹的弹头位置，由 SS－19 运载系统垂直发射。根据设计要求，发动机模型飞行试验速度达马赫数 12～14，整个试验航程为 6000～8000 千米，但整个试验还需要投入大量的经费才能进行。

为了研究更接近于实际的飞行器布局，俄罗斯还研制了先进的“彩虹”（RADUGA）高超声速试验飞行器（D2 飞行器），设计飞行速度为马赫数 2.5～6，飞行高度为 15～30 千米。此外，“针”计划是发射一种有翼高超声速试验飞行器。该飞行器长度为 7.9 米，翼展为 3.6 米，质量为 2200 千克，携带液氢燃料质量为 18 千克，试验速度范围为马赫数 6～14，飞行高度为 80 千米。飞行器已做了大量的地面试验和风洞吹风试验，但尚未进行飞行试验。

“4202”项目起源于 20 世纪 80 年代苏联著名导弹设计局——机械制造科研生产联合体（NPOMash）提出发展的一种可以携带“滑翔有翼再入飞行器”的洲际弹道导弹项目。2016 年 6 月，俄罗斯披露了“4202”项目下的另一飞行器 Yu－74。其飞行速度可达马赫数 10，一枚“萨尔玛特”（RS－28）战略导弹可携带 24 枚 Yu－74。目前，俄罗斯机械制造科研生产联合体正在开展制造和试验基地的结构性改造招标活动，为“4202”项目的系列化生产做准备。

二、国外高超声速武器突防特点

较好的隐身性能和极高的飞行速度使高超声速武器面对现有最好的防空反导系统时也能具有很强的突防和生存能力，且随着速度的增加，突防和生存能力不断提高。美国空军科学顾问委员会声称马赫数 15 的高超声速飞行器能够规避任何敌方的防御系统。

（一）增加防御系统预警探测难度

预警探测是实现防空反导的第一步，也是最关键的一步。一方面，高超声速武器可以在临近空间飞行并实施攻击，从而绕开现有对空探测雷达的照射。而且，防空武器系统的探测雷达受隐身目标探测能力、探测高低角等限制，使其在探测高超声速武器时将存在更大的探测盲区。另一方面，目前的防空反导武器系统无论采用哪种制导方式，在探测识别目标后，都需要进行稳定跟踪并不断获取目标信息，形成制导指令导引导弹飞向目标，从而实现拦截目的。高超声速武器一般具备马赫数 5 以上的飞行速度，HTV－2的速度甚至可以达到马赫数 20，而目前绝大多数雷达系统只能稳定跟踪马赫数5 以下的目标，远远低于高超声速武器的速度。因此，高超声速武器将大大增加目前预警探测系统的探测跟踪难度。

（二）缩短防御系统的快速反应时间

高超声速武器具备极高的速度，对防空反导系统的快速反应能力提出了更高的要求。在未来应对高超声速作战时，战场态势变化速度更快，进行有效指挥决策的时间更短，现有的防空反导指挥自动化系统将难以有效发挥作用，在很大程度上使指挥员、操作员和武器装备等各级响应单元面临严峻的挑战。另外，当多个高超声速目标来袭时，防空反导系统在目标选择和发射拦截等环节中也会存在反应速度跟不上目标态势变化的问题，特别是面临饱和攻击时，防空反导系统将无法有效地发挥作用。

（三）增加防御系统有效拦截难度

从目前作战能力较强的防空导弹来看，各项战术技术性能都针对具有一定速度的来袭目标，从发现到抗击预留了较为充足的反应时间。而对于高超声速武器，这一反应时间将大大缩短，从而给防空反导系统的各个作战环节带来了不同程度的影响，其作战过程存在探测监视“看不见”、跟踪制导“跟不上”、发射拦截“来不及”等弱点，有效拦截难度将大大增加，从而使高超声速武器能够成功实现突防。另外，在技术和战术方面，过高的目标速度将给导弹拦截过程增加许多限制条件，如导弹拦截最佳角度、末制导方式、传感器精度和响应速度、引信引爆距离等。

三、国外高超声速武器突防关键技术

（一）高超声速推进技术

速度是影响高超声速武器突防能力的重要因素，因此，高超声速推进技术成为高超声速武器实现突防的关键技术。高超声速飞行器常见的动力形式有纯火箭、超燃冲压发动机、涡轮基组合循环发动机（TBCC）、火箭基组合循环发动机（RBCC）等。

1. 超燃冲压发动机技术

超燃冲压发动机作为高超声速武器的最佳备选动力方案之一，其研究发展已经经历了半个多世纪。当前，小型超燃冲压发动机处于先期技术开发阶段，即将集成到高超声速吸气式武器（HAWC）演示验证样机中。中大型超燃冲压发动机仍处于应用研究阶段，致力于提升组部件级技术的成熟度。

2. 涡轮基组合循环发动机技术

TBCC 长期以来一直是美国发展高超声速飞机的主要动力形式之一。涡轮发动机和冲压发动机能否在速度上实现有效接力，是研制 TBCC 必须解决的首要问题。美国一直在同时探索提高涡轮发动机工作速度上限和降低双模冲压发动机工作速度下限两种途径。尽管美国前期先后通过“高速涡轮发动机验证机”（HiSTED）、“远程超声速涡轮发动机”（STELR）等项目致力于发展高速涡轮发动机，提升其接力速度，但是进展一直较为缓慢。

3. 火箭基组合循环发动机技术

自 20 世纪 50 年代至 60 年代，美国就已开始了 RBCC 的早期探索研究。21 世纪以来，RBCC 发动机研究重点主要针对两级入轨和临近空间飞行器为应用背景。在空军研究实验室（AFRL）的组合循环发动机（CCE）项目中发展了一种称为“哨兵”的采用 RBCC 发动机的飞行器，阿斯特洛克斯公司也对 RBCC 方案进行了对比研究。2011 年，航空喷气发动机公司披露了三组合（Trijet）发动机，通过涡轮发动机、火箭增强引射冲压发动机及双模态冲压发动机的有机整合实现从静止到马赫数 7 + 的无缝衔接。

（二）雷达隐身突防技术

对于处于较低速度段的高超声速武器来说，隐身仍具有一定的研究价值。隐身技术主要是外形隐身、等离子隐身和雷达吸波材料隐身三类。

1. 外形隐身技术

外形隐身技术降低雷达散射截面（RCS）包括总体设计和部件设计。目前在总体设计上通过改善飞行器的总体布局，避免飞行器外形出现任何较大平面和凸状曲面、边缘、棱角、尖端、间隙、缺口和垂直交叉的接面，使其表面尽量光滑而没有明显的突变，消除镜面反射和角反射器，尽量缩小飞行器的机械尺寸。在部件设计上降低 RCS 主要采用减少强散射部件的方式。控制强散射源部件的 RCS 主要采取降低发动机进气道的 RCS、降低发动机尾喷管的 RCS 和降低飞行器翼面的 RCS 三种外形技术。

一体化设计（包括机身/推进一体化设计）在提高飞行器性能的同时将有助于雷达隐身性能的提高。美国掌握了相关关键技术及实用的布局形式。在国家空天飞机（NASP）计划 10 多年时间中，先后提出了不同的气动外形/发动机一体化方案，最终认为：①具有部分锥形前体和柱段机身的升力体外形，发动机沿柱段部分轴向安装；②具有二维流道特征的升力体外形，发动机下腹式布局等两种外形是比较实用的形式。

2. 等离子隐身技术

RCS 是度量雷达回波强弱的物理量，降低飞行器的 RCS，等于降低了雷达回波的强度。例如，一枚常规导弹的 RCS 为 0.05 ~ 0.1 米^2，而一枚采用了隐身技术的 AGM－129A 巡航导弹的 RCS 仅为 0.005 米^2。钝头高超声速飞行器在大气层内做高超声速飞行时，与大气强烈作用，在头部形成弓形激波，波后气体温度、压强急剧升高，使大气离解、电离，在飞行器周围形成等离子体（或电离气体）包覆流场，这是一团非均匀、碰撞、冷等离子体。等离子体包覆流场的存在，改变了高超声速打击武器本体原有的空间散射特性，使电磁波产生反射、折射及散射，同时吸收电磁波能量，对飞行器起到隐身作用。通过外加电磁场控制改变等离子体包覆流场结构，可以提高高超声速打击武器的气动性能。

3. 雷达吸波材料

雷达吸波材料通过有效地吸收入射雷达波从而使目标雷达 RCS 显著缩减，按使用形式可分为涂覆型吸波材料和结构型吸波材料。涂覆型吸波材料以覆盖形式施加于目标表面，包括吸波涂料、贴片、泡沫、薄膜等，在飞行器上应用较多的为涂料和贴片。结构型吸波材料是具有承载和吸波双重功能的复合材料，主要包括层板结构型和夹芯结构型，其特点是不明显增加武器系统重量，且可以通过结构设计，实现所要求的吸波和承载性能，精确成型复杂形状的吸波/承载部件，吸波效果好，吸收频段宽。

在超声速飞行器上，雷达吸波材料是实现隐身设计的一个重要手段，但高超声速武器表面由于要承受的比超声速武器高得多的温度，常规的吸波材料已经不适用，需要研究耐超高温的新型吸波材料。美国的 X－43A 高超声速试飞器多处涂覆了 SiC 涂层，如马赫数 7 的飞行器水平机翼前缘和边条覆盖了一层 SiC；马赫数 10 的飞行器碳—碳水平和垂直机翼表面都涂覆 SiC；另外，马赫数 7 的 X－43A 飞行器机身前缘上也涂覆一层 SiC 涂层。

四、结论

超高速度是高超声速武器突防的主要实现手段。高超声速武器面对现有最好的防空系统具有很强的突防和生存能力，且随着速度的增加生存能力不断提高。隐身技术则作为一种补充手段，或者综合用于较低的速度下实现突防。美国兰德公司认为，高超声速飞行器技术突破的意义不亚于航空工业从螺旋桨时代跨入喷气时代。高超声速导弹一旦研制成功并实战应用，将成为改变未来战争作战样式的空间利器。因此，应重视针对国外高超声速飞行器的技术预警、提前布局，加强应对策略和对抗技术研究。

（96658 部队　李梅　周明）

美俄地地导弹发射技术发展分析与启示

在未来战争中，随着现代侦察技术和精确打击武器的发展，地地导弹的生存能力受到严重威胁。美俄等军事强国积极改进导弹发射设施，推动着导弹发射技术朝着快速、安全、隐蔽的方向发展。美俄两国的国情不同，其地地导弹运载发射技术各具特色。

一、地地导弹井式发射技术发展

导弹发射井是用于战略弹道导弹垂直储存、准备和实施发射的地下工程设施。20 世纪 50 年代末 60 年代初，美俄开始将地地弹道导弹部署于地下发射井内。

（一）基本概况

发展初期，井式发射采用井内存储、井口发射方式。平时，导弹长期存储于发射井内的发射台上，在井内完成日常维护与测试工作；战时，由井内的升降设备将导弹和发射台提升至井口发射。随着发射井技术的发展，井式发射改为井内发射方式，即导弹及其地面设备全部部署在发射井内，在井内完成所有维护和测试任务，战时直接在井内发射。

按照导弹动力源，井式发射又分为两类：一类是依靠自身火箭发动机点火获得推力，称为热发射；另一类是借助外部动力飞离发射装置，称为弹射或冷发射。弹射系统有压缩空气式、燃气式、燃气—蒸汽式及液压式。

美国空军从1962年起开始装备井内存储、井口发射的“宇宙神”－F导弹和“大力神”－1导弹，到20世纪70年代初，“大力神”－2、“民兵”－1、“民兵”－2、“民兵”－3、“和平卫士”洲际弹道导弹均采用井内发射方式。

俄罗斯从1964年开始将SS－4（“凉鞋”）和SS－5（“短剑”）中程弹道导弹部署为井下热发射，到1970年，SS－7（“鞍工”）、SS－8（“黑羚羊”）、SS－9（“悬崖”）、SS－11（“赛果”）、SS－13（“野人”）、SS－19（“匕首”）等均采用井下热发射方式。20世纪70年代中期，俄罗斯开始采用井下冷发射技术，主要型号有SS－18（“撒旦”）和井基型SS－27（“白杨”－M）、RS－24（“亚尔斯”）。

（二）井式发射关键技术

发射井是一个复杂的系统工程，采用了以下关键技术。

1. 发射装置加固技术

主要设计功能是提高导弹发射装置抗超压能力，增强发射装置减震可靠性。美国洲际导弹隔震系统设计要求是，重型机械设备不破坏的隔震指标为5个重力，通信设备不破坏的隔震指标为2个重力。“民兵”－3导弹的地下发射装置安装在加固的、由隔震板支撑的悬浮地板上，导弹可以像钟摆一样悬挂在地下井内，周围衬有泡沫材料，可消除核爆炸引起的地面冲击分量。此外，液压和机械弹簧也能吸收一部分的冲击载荷。发射设备室位于地下8.4米，经阻尼缓冲后加到室内仪器、设备的冲击载荷不超过10g。

2. 防电磁脉冲与核辐射技术

核弹爆炸时会产生强大的电磁脉冲与核辐射，将严重影响导弹与指挥控制系统电子装置的安全运行。美国主要采取了以下措施：在进入发射装置的入端设置大容量电容器，确保电路不受干扰破坏；合理布置线路，防止电磁脉冲与线路耦合；在发射井和导弹有可能发生电子击穿的地方，用电磁脉冲防护装置或进行绝缘处理；专门设计了一种特殊的转换程序，当敏感元件检测到电磁脉冲时，立即将敏感的逻辑电路关闭几毫秒，等电磁脉冲过后再接通；整个发射设备室可靠接地。此外，对最薄弱的井盖部分进行特别处理，在“民兵”－3 原 90 厘米厚、85 吨重的井盖上又浇注了 25.4 厘米厚的硼酸盐防辐射钢筋混凝土。

3. 发射井装填技术

装填技术涉及导弹装填安全与操作暴露时间。发射井装填方式主要有起竖运输车装填、吊车装填、起竖车和吊车联合装填等。“民兵”导弹由起竖运输车装填安装在地下发射井中的三点悬吊减震系统上；“白杨”－M 导弹使用一辆专用的运输车，将发射筒和导弹竖起安装入发射井中。

4. 发射井盖快速开启技术

井盖开启关系到导弹快速反应能力。“民兵”－3 导弹发射井以燃气发生器作为开启井盖的动力，可在 12 ~ 15 秒开启重达 107 吨重的井盖。此外，井盖还需要解决遭受打击后的快速开启问题。

5. 冷热发射技术

采用冷发射的导弹和发射筒一同放入地下井中，在井内长期储存、待机。其弹射系统的应用取消了复杂的导流设施，并使噪声控制技术变得简单，排除了高温燃气流对发射井自身及井下发射设备的损害，使地下井几乎不需要维修就能够多次使用。而采用热发射的导弹，为防止高温燃气对发射井及设备造成严重烧蚀，必须采用排焰道进行合理排导，同时采用烟气装置以最大限度地减小导弹出井前后的井口特征暴露。

（三）井式发射主要优势与不足

1. 戒备率高，核反击时间短

地下井中心位置早已精确定位，各项准备工作均在井内进行，导弹处于戒备状态，待机时间长，可迅速实施核反击作战。“白杨”－M地下井发射准备时间不超过5分钟，“民兵”－3发射准备时间仅为32秒。

2. 发射环境好，不受外界条件限制

导弹及其地面设备均在地下井内，各项准备工作不易受大风、大雪、暴雨、雷电天气等外界条件变化的影响。美军规定：在地下井周围10千米范围内出现雷电、暴雨时，“民兵”导弹不准露出井外，但地下井内的导弹处于随时待发状态。

3. 预先精准定位，命中精度高

由于地下井使用条件好，井中心位置已经精确定位，一般井式发射导弹的命中精度明显高于机动的潜艇发射，如SS－27、RS－24的CEP分别为350米、150米，低于SS－N－23“轻舟”的最低500米、SS－NX－30“布拉瓦”的350米。

4. 抗核加固设计，防护能力强

地下井采取了综合抗核加固设计，抗核打击能力非常强，要摧毁它，对导弹命中精度和摧毁能力的要求也越来越高。

5. 固定发射，有效载荷重量大

地下井为固定发射，导弹、弹头及辅助设备受机动作战限制小，可以发射较重的导弹并携带较大或较多的弹头，战略威慑力大，战略运用灵活。

6. 布局合理，指挥控制集中方便

井内设备齐全、集中，便于集中作战指挥和控制。通过一定的合理布置，若干个地下井相对集中在某一地区，能够形成集中、方便、安全的指挥控制系统。

7. 目标固定不变，生存能力问题比较突出

地下井发射通常部署在具有较大战役纵深的后方，工程设施庞大，容易被敌方发现和标定，从而遭到远程精确制导弹药的累计攻击和破坏。

二、地地导弹公路机动发射技术发展

公路机动发射需要导弹发射车系统将发射筒和弹射装置、控制系统、电源系统、定位定向系统、测发控系统等，集成在尽可能少的车辆上，以利于隐蔽待机和在狭小场地实施快速发射。

（一）基本概况

美国先后研制发展了四代十几种型号的公路机动战术弹道导弹：第一代主要有“红石”“下士”等；第二代主要有“潘兴”-1、“潘兴”-1A等；第三代主要为“潘兴”-2；第四代为“陆军战术导弹系统”（ATACMS）。公路机动战略弹道导弹主要研制了“侏儒”“和平卫士”，也曾考虑采用公路机动部署方案。

俄罗斯公路机动战术导弹也分为四代：第一代有SS-1“斯格纳”、SS-2“同胞”、SS-3“赛斯特”；第二代有“飞毛腿”（A/B/C/D）；第三代有SS-12“薄板”、SS-21“圣甲虫”、SS-22和SS-23“蜘蛛”；第四代为SS-26“伊斯坎德尔”。公路机动战略弹道导弹装备了SS-20“佩刀”、SS-25“白杨”、SS-27“白杨”-M。

（二）公路机动发射关键技术

1. 载重越野车技术

导弹发射车是导弹快速机动、提高生存能力的关键，其实战化需求主要包括机动能力、隐身（反侦）能力、防护（抗毁伤）能力、环境适应能力、安全可靠能力等。导弹发射车主要有自行式、半挂列车式和全挂车式三种，其中自行式车辆越野性、通过性较好，可快速机动发射。

2. 无依托发射技术

无依托随机发射是地地导弹一种新型作战模式，不再需要预设发射阵地，可在机动区域内随机选择点位进行发射。先进的无依托随机发射技术包括全方位发射、快速定位定向和瞄准、低比压场坪发射、快速调平与起竖、快速测试、目标快速选择与装定等技术。“白杨”和“白杨”－M 等公路机动战略导弹发射准备时间仅为15 分钟，具备实时打击的能力。

3. 机动战备勤务技术

核弹头的储存包括装在导弹上储存和与弹体分开储存两种方式。由于弹体与弹头的储存环境不同，而且涉核的弹头和不涉核的弹体的技术安全与安全保卫级别也不同，因此必须采取综合技术手段，如弹头车上有专用的固定、保温、缓冲、减震及保卫系统。美俄大部分公路机动导弹都采用了发射箱技术，可以整体储存、转运、转载和发射，提高了机动战略勤务能力。

4. 发射自控技术

公路机动导弹要实现人员少、装备简化、发射无依托，要求武器控制系统和发射设备高度自动化。美国的陆军战术导弹系统采用了新的计算机软件，使导弹长期处于待发射状态，新设计的快速反应发射车的升仰和回转速率都比之前的快 10 倍。俄罗斯“白杨”－M 导弹运送到预定发射点后，导弹容器前端在水平状态下一旦打开，就可自动解锁脱落，完成导弹测试和瞄准定向，然后靠气压传动系统将导弹快速调平与起竖，迅速将导弹弹射升空。此外，“白杨” -M 发射系统还可对导弹进行状态监视、故障诊断和检查。

5. 通用化技术

俄罗斯担负战备值班的战略导弹曾多于 11 种。进入 20 世纪 80 年代后，苏联/俄罗斯设计了一弹多用技术，以解决型号繁多带来的生产、配套和维护难的问题。“白杨” -M 在设计中充分考虑了这一因素，其弹体经过局部改装既可以在发射井中发射，也能利用发射车发射，大部分部件还可与潜射型“布拉瓦”互换，发射保障设备与“白杨”兼容。

（三）公路机动发射的主要优势与不足

无论是战略导弹还是战术导弹，其公路机动发射具有如下优势与不足：

1. 机动灵活，生存概率高

战略弹道导弹发射车主要采用轮式底盘，战术弹道导弹发射车可采用轮式或履带式底盘，两种导弹发射车都能够在广阔的范围快速机动部署，灵活性大、操纵性强、反应时间短，并可快速逃离险境，躲避敌方武器的打击。此外，导弹装备车辆便于伪装，在公路机动隐身于民用车流之中，不易被敌方侦察设备发现和识别，便于隐蔽待机。有关机构通过模拟发现，在同等条件下机动发射的导弹比固定发射的导弹生存率高出 1 倍左右，当导弹处于机动过程中时，其生存概率可达 84%。

2. 无依托发射，作战领域广

无依托随机发射能够使导弹武器不再局限于某一固定作战地域或针对某一作战方向作战，而是可以满足应对多个方向作战任务的需要，在广阔的国土范围内进行机动发射。导弹武器区域机动作战范围增大，不仅有效地扩大了作战半径，而且可随时机动数千千米执行跨区机动作战任务。

3. 发射准备率低，快速反应能力强

随着技术的进步和发展，导弹野外待机的能力越来越高，无依托发射技术也越来越成熟，发射准备要求变低，阵地准备工作的项目和时间不断精简，发射单元能够自行选择发射点位，根据指令快速占领发射阵地，随时对目标实施精确打击。

4. 地面暴露时间长，易受到攻击

在现代战争条件下，随着侦察手段的发展，陆基机动导弹发射设备可能遇到的致伤暴露状态有：在发射阵地进行发射准备期间，全套机动作战设备为露天作业，呈完全暴露状态；全套机动作战设备在阵地之间机动转移过程也为完全暴露状态；在待机场所分散隐蔽待命期间，设备可能是露天停放、游动，也可能停于简易建筑内。上述各种状态都有可能受到核攻击或常规攻击而毁伤。

三、地地导弹铁路机动发射技术发展

铁路机动发射是指利用铁路发射列车沿铁路实施机动，并在预定点或任意点发射导弹的方式。平时，铁路发射列车在铁路网内机动，在机动过程中完成导弹的水平测试和水平瞄准；战时，铁路发射列车可按照指令驶往某个预定发射点，完成导弹的起竖、垂直测试和发射。

（一）基本概况

苏联时期的 SS－24（“解剖刀”）导弹列车是世界上唯一进行过实战部署的铁路机动战略导弹系统。1982 年，SS－24 导弹进行了首次飞行试验，1987 年服役，进行了 18 次寿命试验和运输试验。1987 年 10 月 20 日，第一个SS－24导弹团开始战斗值班。至 1990 年 9 月 1 日，SS－24 铁路机动发射装置部署了 33 个，分属于 3 个导弹师 9 ~ 12 个导弹团。根据美俄《第二阶段削减战略武器条约》，于 2005 年全部退役并销毁。2012 年底，俄罗斯重启“巴尔古津”新型铁路机动系统研制，并完成方案设计，进入工程研制阶段。目前，由于俄罗斯国内经济等原因，新的铁路导弹系统暂停研制。

美国是世界上第一个开展铁路机动发射系统研制工作的国家。1959 年，“民兵”战略导弹铁路发射系统成型，并展开了相关的试验。1962 年，由于技术上的难题，取消了“民兵”铁路机动发射计划。1967 年，美国再次重新启动研制计划，解决了定位定向等技术问题，但由于第一代弹道导弹核潜艇的技术成熟和大量入役，铁路机动发射系统研制再次停止。1986 年，里根总统签发了 MX 导弹铁路机动发射系统研发计划，于 1988 年进入工程研制阶段，1989 年展开了相关试验工作，1991 年底在沃伦空军基地部署了第一套 MX 导弹铁路机动发射系统。但这次几近成型的铁路机动发射系统最终因国际形势变化未能完成实战部署。

（二）地地导弹铁路机动发射关键技术

铁路机动发射的关键技术除无依托发射技术外，还需要解决以下关键技术。

1. 铁路发射车总体技术

铁路机动发射系统是在现有大功率内燃机列车基础上发展的，具有足够的功率加速到 100 千米/小时以上。铁路发射车采用了大重轴低震动转向架及重载底架，减轻了对导弹发射系统精密仪器的冲击，能够满足 100 吨左右重型导弹运载与发射的需求；车载设备及车身在空气冲击波超压作用下不会发生卡滞和侧翻，车体不会发生影响导弹正常发射的变形；车身能够为车载精密仪器及人员提供有效的光辐射、核辐射和电磁辐射防护。

导弹发射车采用专用装置将电气化铁路的电线支开，具备触网下发射能力。

2. 瞬时大冲量载荷扩散技术

导弹发射时，发射装置将承受强大的弹射后坐力，远远超过底架车轴的承载能力，因此导弹发射车设计了后坐力的传递与扩散路径，将载荷快速传递至地面，不损害发射车车轴、车轮，以及铁轨及路基；同时保证发射装置在发射过程的稳定性。此外，瞬时大冲量载荷扩散装置能够快速展开、调平，为导弹发射提供精确的初始发射基准，发射后能够快速收回，保证铁路发射车快速离开发射地点。

3. 铁路发射车安全保密技术

铁路发射车的隐蔽性是其保障生存能力的关键因素，因此导弹列车在外形设计上与民用列车相似，极难被发现。铁路机动弹道导弹执行战备值班任务时要搭载核弹头，设有适于核弹头储存的装置。

（三）地地导弹铁路机动发射系统的优势和不足

1. 一体设计，可靠性高

一列导弹列车即为一个独立作战单元。导弹在生产厂装入发射筒内，可储存 10 年。出厂前，导弹装入铁路发射槽车的发射容器内，发射时用蓄压器的燃气将导弹弹射出筒，在空中点火，可避免对列车造成烧蚀。

2. 机动灵活，生存力强

导弹列车机动速度可达 100 ~ 200 千米/小时，一次可机动转移 1000 ~ 2000 千米。大范围的机动易于摆脱敌方侦察手段的跟踪，而且可以在任何地点发射，能够“打了就跑”。同时，铁路运输适于在机动中进行测试工作，可减少发射准备时间。

3. 反应速度快，突然性强

平时停在基地的列车，由发射控制中心控制。作战时导弹可从预定的基准位置发射。如果遭受突然袭击列车来不及疏散，可在驻守基地直接发射。导弹列车一旦分散在铁路网上，可在任何地方发射。

4. 戒备率高，载弹量大

铁路发射车作战单元高度集成，可以全天候值班。不用停靠在城市，直接在边远的隐蔽线上停放，平时就处于戒备状态。作战时，可分解为3个发射单元，分别占领指定发射位置，完成发射任务。此外，一列铁路发射列车一般情况下可携带4～10枚导弹，必要时还可加长列车，相当于一艘核潜艇的发射数量。

5. 作战条件受限，维护费用高

重达几十吨的战略导弹加上铁路发射系统自身重量，一般的铁轨无法承受。铁路、桥梁、遂道在战时是敌方重点破坏的目标，一旦遭到敌方破坏，就有可能难以实现大范围机动。铁路导弹机动发射系统长期机动，没有固定的维护测试阵地，保养比较困难，维护费相当高。

四、地地导弹发射技术发展趋势

未来战争越来越呈现出信息化、网络化、无人化的特点，地地导弹发射技术的发展必须适应未来战场的需求变化。

（一）针对复杂多变的威胁手段，提高生存能力成为导弹发射技术的重要目标

面对未来战场全天候、全时日侦察手段和远程快速打击武器等诸多威胁要素，必须提升导弹武器的四种生存能力：

一是发射平台伪装隐蔽能力。当前，伪装技术已经广泛用于导弹武器系统的研制和使用全过程，主要有伪装隐蔽、伪装遮障、伪装涂料、设置假目标、一体化伪装等。

二是导弹武器系统的快速反应能力。主要措施是优化发射工艺流程、快速整弹水平测试、水平近距离快速瞄准、快速诸元生成与装定、快速展开与撤收、提高戒备率、快速更换目标和整体储存核弹头等。

三是导弹武器系统的快速机动能力。主要包括机动可靠性、通过能力、机动准备时间、机动速度和机动范围等。

四是导弹武器系统抗核加固水平。可利用地形、工事等规避抵御冲击波的杀伤力，通过导弹武器系统自身的加固手段增强抗冲击波的能力。

（二）适应信息化战争特点要求，导弹发射技术正瞄准智能化自动化方向发展

面对未来战争的信息化、智能化、无人化趋势，导弹武器应用“人机工程学”，缩短操作时间，减少人员数量，使发射装置的基本操作实现自动化。在储存和战备值班时，需要自动监测发射装置的各种状态，自动诊断和排除故障，确保发射系统安全可靠。

（三）着眼打击多种目标的实战化要求，导弹发射系统通用化将是大势所趋

通用化是将各种功能相同、结构相似、尺寸相近的产品单元归并、优选、简化，最大限度地扩大其使用范围的一种标准化方式。为了实现发射装置对多种导弹的兼容性，出现了多种发射装置通用化方式，主要有一平台多负载、一负载多平台、多负载多平台，如表 1 所列。

表1　发射装置通用化类型

名称	特征	典型应用
一平台多负载	两种或两种以上不同型号的导弹以多联装或其他形式在同一种类型的发射装置上进行发射，或者根据作战需要使不同类型的导弹可以按照一定的时间顺序在同一个发射装置上发射	M270 多管火箭炮发射系统
一负载多平台	同一种型号的导弹可以按照作战需要在两种或两种以上不同类型的发射装置上进行发射	“白杨” -M 用于公路机动、铁路机动和井式发射
多负载多平台	利用“导弹+模块”适应“发射装置”，“发射装置+模块”适应“导弹”，或者“导弹+模块”适应“发射装置+模块”的形式完成通用化发射装置	“和平卫士”用“民兵”导弹发射井发射；SS-25 用 SS-18 发射井发射

五、启示

美俄战略弹道导弹现代化发展的主要途径不是研制全新的型号，而是通过在推进、弹头、制导和发射等分系统上采用新的技术成果，全面提高现有型号或改进型号的打击能力、突防能力、生存能力，延长使用寿命，增强可靠性安全性。通过对国外导弹发射技术的研究，得出以下启示。

（一）着眼提升武器系统战标，加强改进导弹发射技术

发射技术是高度综合的现代工程技术，直接影响导弹武器系统的技术水平，以及导弹武器装备的使用性能、研制周期、研制成本和使用可靠性。美俄在每一型导弹武器系统的开发过程中，都重视对发射技术进行大量的研究，并根据研究结果决定一种导弹武器系统的最终发展。应从体系作战需求的角度，把发射技术研究作为提高导弹武器战术技术指标的重要一环。

（二）立足国情和对抗需求，科学选择导弹发射部署方案

弹道导弹无论是井式发射，还是铁路、公路机动发射方式，都有其不同的技术特点和使用价值。选择何种发射方式，要从作战需求出发，进行辩证的分析，最终确定发射部署方案。美国“三位一体”核力量发展均衡，技术优势突显，其地地战略导弹采取了单一的地下井部署发射方式。而俄罗斯实行“核遏制”原则和“非对称”策略，采用多种发射方式部署，以保持对美国的战略安全均势。利用广袤的国土和复杂的地理环境，选择一种型号多种发射方式，有利于提高战略导弹武器的威慑力。

（三）针对信息化战争特点，以提高导弹生存能力引领发射技术发展

在信息化条件下，随着侦察预警与导弹防御技术的不断发展，很多国家已从单纯追求导弹武器系统的作战效能转变为既追求作战高效能，又追求高生存能力。生存能力是陆基导弹发挥其作战效能的前提和基础，在当前非对称战略安全环境中，提高生存能力应是确保陆基战略导弹武器有效性的重中之重和未来发展的首要任务。

（96658 部队　郭纲　郭吉兰）

俄罗斯“布拉瓦”潜射弹道导弹“齐射”战术优势及技术难点

2018 年 5 月 22 日，俄罗斯海军新一代 955 型“北风之神”级战略核潜艇首艇“尤里·多尔戈鲁基”号（K－535）在白海水下齐射 4 枚“布拉瓦”洲际弹道导弹，成功命中 8000 千米外的堪察加半岛库拉靶场目标。这是俄罗斯海基战略威慑能力的最新展示。

一、俄罗斯潜射弹道导弹齐射能力的发展

导弹齐射技术可以在最短时间内完成战略打击任务，缩短战略核潜艇的暴露时间，有效规避空中或水下打击威胁。苏联/俄罗斯从冷战至今都十分重视战略核潜艇齐射能力的发展和维持。

（一）冷战中的“齐射威慑”

早期的弹道导弹潜艇发射程序繁琐、准备时间冗长、导弹射程短，生存问题比较突出。苏联在潜射导弹发展初期就重视齐射技术研发。苏联首型发射核导弹的 629 型潜艇采用的 D－2 发射系统，发射一枚“萨克”

（SS－N－4）导弹需3～4分钟，准备时间长达30分钟；658M型潜艇采用的D－4发射系统，可在10分钟内完成3枚“塞尔布”（SS－N－5）导弹发射；667型潜艇使用的D－5发射系统，每次可齐射4枚导弹，时间间隔仅8秒；667B型潜艇使用的D－9发射系统，可一次将所携带的12枚导弹全部发射。1968年12月20日，苏联利用667型K－140号核潜艇创下连续发射8枚弹道导弹的纪录。该型潜艇使用的D－9系统发射深度55米，而同期的美国“海神”系统发射深度只有15～30米。虽然两国潜艇都可以一次性全部发射，但美国发射准备时间将近15分钟，导弹发射间隔约1分钟。由于这一时期美苏双方奉行大规模核报复策略，力求确保相互摧毁，因此潜射导弹“齐射”成为双方战略威慑能力的重要指标。

（二）巨变前的“末日彩排”

在20世纪末的冷战高峰时期，苏联导弹“齐射”战备水平达到了空前程度。1991年8月6日，苏联海军在代号“河马行动”实弹演习中，由北方舰队“德尔塔”－4级“新莫斯科夫斯克”号战略核潜艇进行了一次大规模“齐射”演练。该艇在3分钟内，以不到10秒的间隔将所携带16枚“轻舟”（SS－N－23）导弹全部发射（均未携带核弹头）。按演习计划，只有第一枚和最后一枚导弹准确命中靶场目标落地爆炸，其余14枚导弹均在飞行过程中被指令自毁。16枚的SS－N－23导弹起飞质量40.3吨，射程8300千米，每枚可搭载4个分导式核弹头。这16枚导弹可携带弹头的爆炸当量相当于第二次世界大战期间人类使用的所有弹药的总和，因此苏联军方将此次行动称为“末日彩排”。

（三）冷战后“齐射怒放”

作为苏联遗产的继承人，俄罗斯同样对潜射弹道导弹齐射基于厚望，其新一代“北风之神”级战略核潜艇进行了多次齐射试验。2011年11月，

“北风之神”级首艇“尤里·多尔戈鲁基”号首次完成了“布拉瓦”洲际弹道导弹齐射模拟试验。2015 年 11 月，“弗拉基米尔·莫诺马赫”号在白海海域成功齐射 2 枚“布拉瓦”洲际弹道导弹。2016 年 9 月 27 日，“尤里·多尔戈鲁基”号再次从白海海域发射 2 枚“布拉瓦”洲际弹道导弹，有 1 枚成功命中位于俄罗斯堪察加半岛库拉靶场的目标，另 1 枚在飞行中自毁。2018 年 5 月 22 日，“尤里·多尔戈鲁基”号在白海一次齐射 4 枚“布拉瓦”导弹，创造了冷战后齐射的纪录。此次 4 枚“布拉瓦”以 5.7 秒间隔通过“冷发射”方式从水下弹出，共耗时不足 20 秒，其中 1 枚导弹命中勘察加半岛目标，另 3 枚导弹按照试验计划分别自毁。多次齐射试验，验证了“北风之神”级战略核潜艇的卓越性能，也检验了“布拉瓦”洲际固体弹道导弹的高度可靠性。

二、俄罗斯“布拉瓦”潜射弹道导弹齐射技术

潜射弹道导弹发射装置分为空气动力、火药动力和燃气蒸汽动力三种类型。现代潜射弹道导弹大多采用反应快、维护更为简单的火药动力和燃气蒸汽动力。“布拉瓦”导弹齐射采用的是燃气蒸汽动力。

（一）发射装置系统功能

“布拉瓦”固体导弹发射装置通常由外筒、内筒、筒盖、防水薄膜、减震泡沫塑料、适配器、U 形密封环和支承环、液压减震器等组成。上述结构组成了不同的系统功能，用以保障导弹维护检测和安全发射。

自动检测系统主要用来定时检测导弹制导系统、动力装置和战斗部的状态，以便及时发现问题进行排除，保证导弹处于待发状态。

由于导弹内部各种设备精密度高，一般要求发射装置内的空气温度为

20℃左右，湿度70%左右，自动空调系统来保证温度、湿度，使发射装置内的环境满足导弹存放条件。

一旦由于某种因素致使发射装置里进水或压力升高或温湿度超过导弹存放条件等，自动报警系统能及时发出音响或灯光信号，以便操作管理人员能立即采取措施防止事故。

均压系统由充气系统和注水系统组成，一般使潜艇在水下30米以下隐蔽发射。由于发射装置外有3个大气压的水压力，发射装置内为1个大气压，均压系统用来均衡发射装置内外压力差，以打开筒盖。

此外，发射装置底部的U形密封环和支承环用以支承内筒，保持内外筒同心性，保证气室的高压气体不会进入内外筒之间。适配器用来保证导弹轴线与发射装置轴线重合，发挥气密环作用，发射时随导弹一起弹射，导弹出筒后自行脱落。润滑系统、开盖机构、高压气系统、应急抛射系统、注药系统、代换系统、疏水系统、退弹机构等，在发射和平时战备时必须能够高可靠地运行。

（二）导弹齐射工作程序

潜艇到达发射阵地后，拉响“战斗警报”和发出导弹攻击命令。艇上探测导航设备将潜艇与目标准确位置等数据自动传递给发射指挥计算系统，经计算得出弹道数据，自动装入导弹内。自动监测系统对导弹进行技术检查，做好发射准备。

导弹发射装置攻击准备工作全面启动：首先进行均压，对导弹发射装置的内筒充气、筒盖内注水。当薄膜的上下压力一致时，打开筒盖。操作人员向弹上安装电爆管。射击指挥系统指令电爆管起爆，点燃燃气发生器的火药柱。火药柱燃烧产生的高温、高压燃气流，将冷却器的水加温产生高压蒸汽，经进气弯管到气室膨胀做功，作用在导弹底部的高压气将导弹弹射出去。导弹冲破防水薄膜，穿过 30 米以上的水层上升到海平面以上，导弹主发动机立即点火，导弹开始飞行。

导弹弹射出筒后关闭筒盖，利用代换系统将部分海水排至专用水舱，发射装置内剩余海水用于平衡发射出去的导弹重量。潜艇在导弹发射作用力下向下运动，这一过程会导致后续发射的导弹初始瞄准位置、水中弹道长度和压力变化，特别是多枚齐射，这种变化更加剧烈。在自动化设备控制下，潜艇再次在水中稳定平衡，保持在一定的水深通道内实施后续发射。

注药系统将药粉注入发射装置内的海水中。潜艇完成战斗任务返回基地后，排出导弹发射装置内的海水，进行淡水冲洗和内壁涂防锈油，为再次装弹做好准备。

三、俄罗斯“布拉瓦”潜射导弹齐射的战术优势

战略核潜艇集成化、机动性、隐蔽性强，潜射导弹齐射拥有独特的战术优势。

（一）饱和攻击威力较大

导弹齐射方式，可以在短时间内一次性发射多枚战略导弹。按照单枚“布拉瓦”导弹可装载 6 枚分导式核弹头，那么一次齐射 4 枚“布拉瓦”就能携带至少 24 枚核弹，威力达到 240 万吨 TNT 当量，相当于广岛原子弹威力的 160 倍，也就是说 1 次齐射可以打击 160 个广岛这样的小型城市或至少可以毁灭 24 个大中型城市。

（二）机动隐蔽生存性高

应用水下平台实施战略弹道导弹齐射，则是大威力的导弹齐射战术与高隐蔽性潜艇的结合，两者使战略导弹的生存性得到空前提高。“尤里·多

尔戈鲁基”号是俄罗斯第4代战略核潜艇，水下最大航速可达30节，极限下潜深度450米，机动力高、灵活性强，最突出的特点是108分贝的低噪声。其在1分钟内可以齐射12枚“布拉瓦”洲际弹道导弹，然后迅速下潜，逃避来自任何方向的打击。

（三）整体突防性好

潜射弹道导弹齐射赋予了战略攻击行动的高度突防性。众所周知，美国针对俄罗斯发展部署了形式各异的弹道导弹防御系统，但是这些系统由于部署局限，只能针对特定方向的导弹攻击，而潜艇平台自由巡弋的特点使其可以不断变换发射阵位，使固定的防御系统防不胜防。就导弹齐射攻击本身而言，“布拉瓦”导弹一次齐射4枚，可投送24枚弹头，这种多波次、多弹头的攻击可消耗在阿拉斯加阵地部署的几乎所有地基中段拦截弹，从而为后续突击导弹扫平道路。在多枚弹头攻击中，可能安排专门的重诱饵或电子突防弹头，以吸引火力或压制敌探测系统，提高突防概率。

四、俄罗斯“布拉瓦”潜射弹道导弹齐射的技术难点

潜射导弹的齐射方式增大了发射过程的复杂性和导弹的自适应能力，这是齐射方式最大的技术难点。

（一）系统可靠性

齐射过程中，必须保证每枚导弹不发生“卡壳”事故，系统可靠性至关重要。“布拉瓦”导弹研发过程可谓命运多舛，头10年的试射超过半数失败，导致试射被搁置，直到2010年底终于得到扭转。2018年5月22日成功进行4枚“布拉瓦”导弹齐射后，俄罗斯海军中将阿纳托利·舍甫琴柯对外表示：“4枚导弹齐射证明了‘尤里·多尔戈鲁基’号核潜艇导弹系

统和‘布拉瓦’导弹本身的可靠性，以及舰艇作战编队的工作协调性。如果接到向某个目标发射5～6枚导弹的命令，我们可以完成。该潜艇已具备较高的战备度。”

（二）平台稳定性

1枚“布拉瓦”导弹质量约45吨，随着导弹弹射出筒，整个潜艇的重量减轻，在浮力的作用下，潜艇会不断上浮；导弹发射时产生的强大反作用力，会使潜艇的水下位置发生漂移。因此，要使“北风之神”级潜艇在水下发射通道内保持稳定，将航向、航速和下潜深度控制在相应范围内，如何在发射第一枚导弹后，最大限度地降低反作用力对艇身位置变化的影响是一大难题，而且在如此短的时间内修正4枚导弹约180吨的重量损耗，对潜艇的自动补偿系统也是一大考验。

（三）系统协调性

潜艇在导弹齐射过程中所受到的各种激变力是非常巨大和复杂的，保证导弹水下齐射，发射装置各系统必须协调统一。“北风之神”级潜艇发射“布拉瓦”导弹通常是在30米以下水深发射，对潜艇本身至少产生三种作用力，分别是导弹发射后坐力、海水涌入冲击力、多余海水的重力。导弹发射出水前的水中弹道部分，则更加复杂，后面发射的导弹可能受到前面发射导弹激起的海水浪涌的影响，使其水中弹道受力变得不可捉摸。这需要潜艇必须自动敏感姿态的细微变化，并利用均压、水下动力和浮力系统自动完成姿态调整和平衡。

（四）导弹自适应性

虽然潜艇可以尽可能保障齐射过程中处于发射通道内，自动克服不利海况影响，但是仍需要导弹设计冗余度足够大，以克服不利的发射条件。例如，齐射中的后续导弹发射初始位置和姿态已经发生较大变化，这不但需要在程序中提前测算并装定不同于前一枚导弹的诸元数据，而且需要通过天文导航等外部信源重新修订导航数据，以确保导弹飞行精确性；导弹在出筒后需要具备克服水中扰动的能力，以保证水中弹道的稳定。

（96658 部队　戴艳丽）

高超声速飞行器项目最新进展分析

从20世纪50年代开始，高超声速技术伴随着高速航天器的研制和应用不断发展，到目前基本形成了以吸气式动力巡航飞行器、助推滑翔飞行器和空间往返运载平台为代表的三类高超声速飞行器。

一、吸气式动力巡航飞行器技术

（一）美国“吸气式高超声速武器”

作为X-51A的后继项目，“吸气式高超声速武器”（HAWC）项目的目标是为射程925千米、马赫数6的高超声速巡航导弹进行关键技术开发和验证，用以对敌方先进防空系统及时敏目标进行打击。2016年9月23日，DARPA授予洛克希德·马丁公司1.71亿美元的HAWC第二阶段合同，用于研制战术级高超声速巡航导弹演示验证弹。根据DARPA于2016年2月提交的预算文件显示，HAWC项目已经在2016年第一季度完成初始设计评审，并开始飞行演示验证器的设计，2017年第二季度完成关键设计评审，第四季度完成演示验证器硬件的合格测试。

（二）俄罗斯“锆石”高超声速巡航导弹

2017 年 4 月中旬，俄罗斯再次试射了“锆石”导弹，最大飞行速度达马赫数 8。此次试射是距 2016 年 3 月首次试射后的第二次飞行试验，目前该导弹已经进入试验阶段，预计将于 2018 年进入批量生产，未来将配装俄罗斯“彼得大帝”号核动力巡洋舰及“基洛夫”级“纳克西莫夫海军上将”号核动力导弹巡洋舰，并将与“宝石”反舰导弹、“俱乐部”反舰导弹共用 3S－14－1142M 垂直发射装置，后续还将发展潜射型（预计装配俄罗斯第五代“哈斯基”级核潜艇）和空射型（预计装配俄罗斯图－160M2 和 PAK－DA 战略轰炸机）。

（三）法国“飞行试验计划”

20 世纪 90 年代起，欧洲导弹集团法国分公司和法国航空航天研究院开始针对高超声速吸气式推进系统进行研究，启动了“普罗米修斯”（Promethee）计划，2003 年，在该计划基础上，法国启动了“飞行试验计划”（LEA）项目。LEA 飞行试验在 2003 年启动时划分四个阶段，随后在进度和飞行试验等方面进行了一些调整。2006 年初完成了 LEA 试验机的初步设计，确定了推进系统，并通过了初步设计阶段评审，目前处于关键设计阶段。LEA 计划的实施，标志着法国的高超声速技术进入飞行试验阶段。LEA 飞行试验计划利用空射助推器将待试验飞行器加速到给定的马赫数 4～8，然后在与助推器分离并稳定以后，试验飞行器将会自主飞行 20～30 秒。在自主飞行过程中，吸气式推进系统将在 5～10 秒的时间内随油气当量比变化点火。

（四）美国和澳大利亚的“高超声速国际飞行研究试验”

“高超声速国际飞行研究试验”（HIFiRE）项目于 2006 年 11 月 10 日正式启动，主要通过开展低成本的飞行试验来研究基本的高超声速现象，开发并验证用于下一代高超声速系统的基础技术。研究的技术领域涵盖推进、气动力、气动热、耐高温度材料和结构、热管理策略、制导、导航与控制、传感器和武器系统部件。HIFiRE 4 是 HIFiRE 项目最新试验的型号。HIFiRE 4 试验共有两个乘波体试飞器，均搭载 VSB－30 两级探空火箭进行发射。两架试飞器以背靠背的方式安装在 VSB－30 火箭头部直径 750 毫米的整流罩内，试飞器长约 2.1 米，质量约 100 千克，采用了吻切锥乘波体构型。HIFiRE 4 原计划 2012 年 10 月开展飞行试验，但由于技术、试验靶场等方面的原因，导致进度延误。2017 年 7 月，HIFiRE 4 在武麦拉靶场完成了一次飞行试验，是 HIFiRE 项目 9 次飞行试验中的第 8 次，试验中采取的乘波体飞行器飞行速度达到马赫数 7 以上。虽然本次试验总体上取得成功，但助推火箭携带的两架试飞器中有一架在分离后很快与地面失去联系，未能按计划完成其预定飞行任务。

（五）俄罗斯和印度的“布拉莫斯”－2 高超声速巡航导弹

“布拉莫斯”－2 高超声速导弹的飞行速度将达到马赫数 6 左右，设计射程约为 300 千米，将有陆射、空射和海射等发射方式。在外形设计上，与“布拉莫斯”－1 轴对称方案不同，而是大量借鉴了印度的高超声速技术验证器（HSTDV）。2016 年 6 月，俄印合资的布拉莫斯航宇公司营销董事帕萨科在“2016 国际防务与军警设备展”上透露，“布拉莫斯”－2 导弹工程研制工作将在 2022 年启动，预计 2024 年完成原型样弹研制。

二、助推滑翔飞行器技术

（一）美国“先进高超声速武器”

“先进高超声速武器”AHW 项目于 2006 年启动，于 2008 年被美国国防部作为备选方案纳入到常规快速全球打击（CPGS）计划中。2014 年，美国陆军 AHW 项目第二次试飞因低级错误遭遇失败之后，美国国防部战略系统采办部门随即选择由海军在陆军 AHW 项目成果的基础上继续开展下一段的飞行试验工作。同时，组建了一个 CPGS 国家队。项目主导权移交海军后，海军的科研工作重心主要聚焦于基于陆基 AHW 方案进行方案改型，以适应潜艇发射要求，并利用陆上试验设施完成武器原型的试飞。2015 年，海军与国家 CPGS 团队合作完成了海基 AHW 首个试飞器 FE－1 的初始设计评审，2016 年完成了关键设计评审以及系统集成和评估，2017 年 10 月 30 日完成了 FE－1 的试飞。此次试射是美国海军首次主导的高超声速助推滑翔武器演示验证飞行试验，飞行试验时间不足 30 分钟，搜集了高超声速滑翔武器在大气层内远程飞行的技术数据和靶场性能相关数据。根据美国国防部 2017 年 5 月公开的国防预算文件显示，海基 AHW 的第二次飞行试验（CPS FE－2）将于 2019 财年开展。

（二）美国“战术助推滑翔武器”

“战术助推滑翔武器”（TBG）项目旨在研发并演示验证一种空射、战术射程的高超声速技术演示验证飞行器，最高速度达马赫数 9，射程数百千米，后续还将考虑与海军垂直发射系统整合。该项目计划于 2019 年前后试飞。TBG 项目首次提出是在 2014 年 DARPA 公布的 2015 财年预算提案中，由 DARPA 和美国空军联合实施。TBG 项目集成验证战术级空射高超声速助推滑翔导弹的关键技术，主要包括：大包线气动力/热设计技术；高裕度低成本热结构/材料设计与制造技术；鲁棒自适应制导导航与控制技术；先进的热/力/大气等飞行测试技术；高速导引头技术等。相关成果可转化发展成能够从现役飞机和舰艇上发射的高超声速助推滑翔导弹。项目所形成的技术能力将移交给美国空军和海军。2016 年 9 月 19 日，DARPA 授予洛克希德·马丁公司价值1.47亿美元的合同，为TBG项目研制战术级高超声速助推滑翔导弹演示验证原型机。

（三）俄罗斯“4202”项目

Yu－71是俄罗斯2007年开始研制的战略射程助推滑翔导弹，隶属于“4202”项目。Yu－71为助推滑翔飞行器，由SS－19导弹发射，并在70～80千米高空分离；分离后，Yu－71利用自身携带的助推级辅助进入滑翔阶段，随后进行高超声速滑翔以及机动飞行。Yu－71装有类似Kh－29 L/T和Kh－25 T空地导弹自主制导系统的导引头（打击精度（CEP）为2～6米）。Yu－71可安装常规战斗部，也可携带核战斗部，可部署于陆基平台，也可部署在俄核动力潜艇上。Yu－71于2011—2016年至少进行了4次飞行试验。试验过程中，Yu－71由火箭助推到马赫数9～10后与助推火箭分离，然后以马赫数9～10初始速度在80千米以下的大气层内飞行，飞行距离超过5500千米，飞行时间16分钟。

由于陆基/潜射型Yu－71燃料的50%都消耗在起飞阶段和穿越10千米高度稠密大气层过程中，为节省燃料，俄罗斯还在发展基于Yu－71的机载改型。2016年6月有报道称，俄罗斯格罗莫夫飞行研究所将在伊尔－76运输机的基础上建立一个高超声速飞行器的飞行试验平台。Yu－71的机载改型起飞质量（含助推火箭）不超过40吨（助推火箭采用液体燃料，确保轨迹可调，火箭工作时间300～400秒）。载机发射高度8～10千米。Yu－71计划于2020—2025年服役，并部署在俄罗斯和哈萨克斯坦边界奥伦堡省的栋巴罗夫斯基导弹基地，最大部署量将多达24枚。俄罗斯国家机械制造科研生产联合体正在开展制造和试验基地的结构性改造招标活动，为Yu－71项目的系列化生产做准备。

据公开媒体报道，俄罗斯还于2016年6月进行了一款名为Yu－74的助推滑翔导弹项目的试验工作。该导弹也隶属于“4202”项目，预计飞行速度可达马赫数 10，将部署在栋巴罗夫斯基导弹基地。这种导弹与传统的战略导弹机动弹头相比具有更强的机动能力及突防能力。

三、空间机动飞行器技术

2014 年初，英国反应发动机工程公司（REL）与美国空军签署协议，合作研制创新的“协同吸气式火箭发动机”（又称“佩刀”）的组合式预冷喷气发动机以及闭循环火箭发动机技术。采用该发动机的“云霄塔”单级入轨飞行器可在大气层中以约马赫数 5 的速度飞行。新型预冷机是该发动机的关键技术之一，旨在冷却发动机进气口，使温度在不到 0.01 秒的时间内下降 1150℃以上。“云霄塔”将于 21 世纪 20 年代中期开始发射，可将 15 吨的有效载荷运送至低地球轨道，研发成本 100 亿英镑，其中的 3.6 亿英镑用于为期 4 年（2014 年 4 月至 2018 年 4 月）的发动机研发阶段。2016 年 9 月 20 日，美国空军研究实验室披露了两型基于不同尺寸“佩刀”发动机的两级入轨空天飞行器概念。

（96658 部队　吕琳琳　葛爱东）

俄罗斯海基战略核力量发展现状与潜力分析

2018年5月16日，在索契举行的俄军发展会议上，俄罗斯总统普京强调，有必要进一步加强海基战略核力量，增强海军在核威慑方面的作用。俄罗斯《2011—2020年国家武器装备计划》和《2018—2025年国家武器装备计划》都将建造列装新型战略核潜艇作为实现俄罗海军武器装备现代化的发展重点。普京对这一领域提出的最新要求，将使海基战略核力量的发展获得新的推动力。

一、俄罗斯战略核潜艇发展现状与前景

俄罗斯北方舰队在加吉耶沃海军基地部署有三型8艘战略核潜艇，其中，1艘专门用于“布拉瓦”（SS－NX－30）潜射弹道导弹试验的941型“台风”级TK－208“德米特里·顿斯科伊”号，6艘667BDRM型“德尔塔”－4级K－117“布良斯克”号、K－114“图拉”号、K－51“维尔霍图里耶”号、K－84“叶卡捷琳堡”号、K－18“卡累利阿”号和K－407“新莫斯科”号，1艘新一代955型“北风之神”级首艇K－535“尤里·

多尔戈鲁吉”号。现役8艘战略核潜艇只有6艘具备实战能力。2018年1月，K－114“图拉”号从造船厂完成维修返回北方舰队，K－117“布良斯克”号随后进入造船厂进行定期维护和升级。

太平洋舰队在堪察加半岛的维柳琴斯克海军基地部署有二型5艘战略核潜艇，其中，3艘667BDR型“德尔塔”－3级K－44“梁赞”号、K－223“波多利斯克”号和K－433“常胜将军圣戈奥尔吉”号，另外2艘955型“北风之神”级K－550“亚历山大·涅夫斯基”号和K－551“弗拉基米尔·莫诺马赫”号。“德尔塔”－3级战略核潜艇于20世纪80年代开始服役，无法再继续延寿。为此，俄罗斯海军在几个月前公布，“波多利斯克”号的核燃料将很快拆除回收，紧接着是“常胜将军圣戈奥尔吉”号。

针对上述情况，俄罗斯海军已经采取措施，恢复海基战略核力量的战斗能力和增强其作战潜力。未来几年，将有5艘“北风之神”－A级战略核潜艇完成建造并装备海军（其中2艘将编列于太平洋舰队，另外3艘编列于北方舰队）。除去2艘将因老化而退役，2020—2022年，俄罗斯战略核潜艇的总数达到16艘，其中，北方舰队11艘，太平洋舰队5艘。2018年5月23日，俄罗斯军工企业向媒体称，将在2023年后再建造6艘“北风之神”－A级战略核潜艇。未来俄罗斯海军将有14艘“北风之神”级战略核潜艇服役（其中“北风之神”－A级11艘）。俄罗斯海军的这一建造计划，将对其海基战略核力量的潜力与作战能力产生积极影响。

二、俄罗斯潜射弹道导弹发展现状

俄罗斯战略核潜艇携带多型潜射弹道导弹，包括液体推进剂和固体推进剂两个类别，服役年代差别较大。

装备在“德尔塔” –3 级战略核潜艇上为“魟鱼”（SS – N – 18）潜射弹道导弹，每艘潜艇可携带 16 枚。SS – N – 18 导弹 1977 年 8 月开始服役，采用两级液体发动机，有三种不同的携带核弹头方案，其中携带 1 枚当量 450 千吨弹头射程为 8000 千米，携带 3 枚当量 200 千吨或 7 枚当量 100 千吨分导式弹头射程为 6500 千米，命中精度为 900 ~ 1400 米。

装备在“德尔塔” –4 级战略核潜艇上为“轻舟”（SS – N – 23）潜射弹道导弹，每艘潜艇可携带 16 枚。SS – N – 23 导弹 1986 年 2 月开始服役。20 世纪 90 年代随着潜艇现代化改进，先后发展了改进型“蓝天”导弹和深度改进型“莱涅尔”导弹。SS – N – 23 导弹采用三级液体发动机，其原始型号有两种携带核弹头方案，第一种方案携带 10 枚当量 100 千吨的分导式弹头，第二种方案携带 4 枚当量 200 千吨的分导式弹头，最大射程都为 8300 千米，命中精度为 500 ~ 900 米。“蓝天”导弹保留了同样的核弹头，最大射程达到 11500 千米，具备较高的命中精度。“莱涅尔”导弹携带 4 枚当量 500 千吨新型核弹头，其性能参数与“蓝天”导弹相当。

装备在“北风之神”级战略核潜艇为“布拉瓦”（SS – NX – 30）潜射弹道导弹，每艘潜艇可携带 16 枚。SS – NX – 30 导弹采用三级固体发动机加末助推动力装置，携带 6 枚当量 150 千吨的分导式核弹头，最大射程为 9300 千米。

三、俄罗斯海基战略核弹头数量评估

从目前俄罗斯现役战略核潜艇运载能力计算，3 艘“德尔塔” –3 级最多携带 48 枚 SS – N – 18 导弹、48 ~ 336 枚不同当量的核弹头；6 艘“德尔塔” –4 级可携带 96 枚“蓝天”或“莱涅尔”导弹、384 ~ 960 枚核弹头；

3 艘“北风之神”级可以携带 48 枚 SS－NX－30 导弹、288 枚核弹头；“德米特里·顿斯科伊”号战略核潜艇上只有 2 个“布拉瓦”导弹发射装置，能够携带 12 枚核弹头。因此，俄罗斯由现役 13 艘战略核潜艇组成的海基战略核力量，能够同时向巡逻海域运送 194 枚不同类型的潜射弹道导弹，实战部署的核弹头最多可达 1596 枚。

到 21 世纪 20 年代初期，随着 2 艘“德尔塔”－3 级、1 艘“台风”级退役和 5 艘“北风之神”－A 级列装，俄罗斯海基战略核弹头数质量将发生变化。1 艘在役的“德尔塔”－3 级可携带 16 枚 SS－N－18 导弹、16～112 枚核弹头，6 艘“德尔塔”－4 级战略核潜艇可携带核弹头数保持不变，8 艘“北风之神”级可携带 128 枚 SS－NX－30 导弹、768 枚核弹头。实战部署的核弹头最多可达 1840 枚。

2030 年以后，俄罗斯海军可能部署 15 艘或 16 艘战略核潜艇，其中“北风之神”新一代战略核潜艇将达到 14 艘，这些潜艇装备的潜射弹道导弹将不少于 240 枚，可携带至少 1552 枚核弹头。这时，俄罗斯海基战略核力量的现代化率大幅提升。

四、俄罗斯海基战略核力量发展潜力

根据美俄新的《削减和限制进攻性战略武器条约》，截至 2018 年 2 月，俄罗斯战略核力量中应该保留 800 枚核武器运载工具，其中实战部署的核武器运载工具不应超过 700 枚，携带的核弹头总数不应超过 1550 枚。2018 年 2 月 5 日，俄罗斯外交部称，俄罗斯战略核力量中共有 779 枚运载工具，其中只有 527 枚实战部署，实战部署的核弹头总数为 1444 枚。因此，俄罗斯已经完全履行了新 START 的规定。而根据上述计算结果，理论上单是俄罗斯海军拥有的战略核武器数量，就已经达到新 START 规定的上限。

实际上，在实战部署的核弹头达到了允许的最大数量之后，俄罗斯将大量运载工具转为储存状态，保留了数量可观的运载工具和核弹头库存。其中，俄罗斯海基核武器实战部署情况，将根据战略目标和任务、装备状态，以及在“三位一体”战略核力量中分配的任务而定。未来俄罗斯还可改变担负作战值班的战略核潜艇携带的弹药数量。这样，俄罗斯既履行了新 START 规定的义务，又达到了快速增强战略核力量作战潜力的效果。俄罗斯通过上述方法使海基战略核力量向现代化方向发展，从而保持其维护战略威慑与核反击能力，实现对潜在敌方行动的遏制，使海基战略核力量在俄罗斯核遏制系统中仍继续发挥重要作用。

（96658 部队　李乐工）

从印度“烈火”－5研制试验看其远程/洲际弹道导弹发展

2018年1月18日，印度在东北部海岸惠勒岛的昌迪普尔综合发射场成功进行了“烈火”－5远程弹道导弹发射试验。其在稍后的声明中称：“该导弹是世界上同射程级别中最精准的战略弹道导弹。”虽然印方有吹嘘的成分，但从导弹成功发射来看，其在发展洲际弹道技术上又向前迈了一步。

一、印度“烈火”－5弹道导弹试验发射情况

“烈火”－5作为印度射程最远的弹道导弹长期处于测试状态。自2012年首次试验以来，该型导弹目前已进行了5次试射。

第一次：首次工程试验。2012年4月19日8时5分，从惠勒岛上的第4号发射台上使用轨道发射车发射一枚“烈火”－5导弹，第3级将弹头送入100千米大气层内，飞行20分钟后，弹头击中距离发射点大约5000千米外的印度洋预定靶点。印度官员宣称误差只有数米。

第二次：全系统工程验证。2013年9月15日8时50分，再次从惠勒岛

上的第4号发射台上使用轨道发射车发射一枚“烈火”－5导弹，飞行20多分钟后，击中印度洋上的预定瞄准点，误差只有数米。

第三次：新型发射系统测试。2015年1月31日，从惠勒岛上使用搭载在泰托拉重型卡车底盘上的密封发射筒发射一枚“烈火”－5导弹。印方宣称“接收到的雷达和所有网络系统测试数据正常”。这是“烈火”－5导弹首次以陆基车载机动方式进行发射。

第四次：全系统实战化验证。2016年12月26日11时5分，仍然从惠勒岛上的第4号发射台上使用轨道发射车发射一枚“烈火”－5导弹，这是第二次使用密封发射筒发射。印方宣称这是按照战略部队司令部要求进行的全系统实战化验证，但没有在第一时间公布视频。后来给出的消息又称，依据收集的雷达信息来分析判定试射获得成功。

第五次：全系统定型试验。2018年1月18日9时53分，从惠勒岛上使用公路机动发射装置发射筒发射，导弹沿抛物线轨道迅速升至超过600千米的高度，飞行19分钟后，在4900千米外下降并坠入印度洋。按照印度此前宣布的试验计划，此次试验意味着导弹测试工作全面结束，已经完成了型号定型，具备交付部队使用的条件。

二、印度“烈火”－5弹道导弹系统的构成

“烈火”－5导弹系统与“烈火”－3导弹系统构成接近，但是在导弹和发射系统方面有了较大改进。

（一）导弹

“烈火”－5导弹沿用了“烈火”－3导弹的铅笔头形布局设计，采用三级固体火箭推进。“烈火”－5导弹重约50吨，长17.5米，弹径约2米。

由于是在“烈火”－3导弹基础上增加第三级发展起来的，因此“烈火”－5总长度从15.5米延长到17.5米。但“烈火”－5导弹通过集成设计，缩短了弹体总长，使得其外观看起来与两级的“烈火”－3导弹差别不大。

（二）弹头

“烈火”－5导弹采用锥角较小的标准外观的圆锥形弹头设计，弹头锥部分长度达到5.5米。一般认为，从“烈火”－3导弹发展到“烈火”－5导弹后，弹头锥部分有1.5～2米长的部分舱段为火箭第三级，这才使其外观变化不大。保持外观不变的主要原因，可能与正在发展的标准发射筒或未来改进潜射方式有关。标准的圆锥形弹头设计可以在再入过程中控制精度，但也使得再入烧蚀情况更加严峻，因此再入壳体可能采用了新型碳基复合材料。

（三）发射筒

“烈火”－5导弹从2015年发射试验中开始使用车载发射筒发射。这种发射采用了冷弹射技术，导弹发射时依靠发射筒底部的火药蓄压器产生高压气体射出升空，在20～50米高度点火起飞。印度宣称，在发射50吨“烈火”－5导弹时候，发射筒内部需要承受300～400吨的压力，因此发射筒使用了马氏钢等特殊材料。从印度公布的发射照片看，发射筒直径约2.4米、长约20米。使用专门密封的发射筒，不仅可以实现公路机动发射，而且使导弹适应南亚次大陆温湿的滨海环境和严寒干燥的高原气候。

（四）发射车

“烈火”－5导弹发射车为7轴拖车，长30米，总载重140吨，前半部由3轴沃尔沃卡车车头牵引。每轴左右各两轮，均为简单的负重轴，无驱动和自主转向能力。为保持发射起竖后的平衡，发射车在中部（4台）和尾部

（2台）均设计有平衡千斤顶。起竖系统位于拖车中后部，起竖托架采用两对液压起竖支撑臂。牵引车长约10米，主动力轴承载驾驶室和电站，后两轴平板上载有起竖液压控制装置。从总体上看，该发射车技术较为初级，特别是拖车的载重部分不具备独立或部分驱动和转向功能，长度达20米，转弯半径达20米以上，这大大限制了"烈火" –5导弹系统的公路机动能力。

三、印度"烈火" –5洲际导弹的性能特点

"烈火" –5导弹经过多次改进和试验，基本形成了自主技术体系。

（一）设计潜力较大，但总体效率不高

应该说，"烈火" –5导弹采用三级发动机仍能将长径比保持在8∶1左右，与发达国家潜射导弹的总体设计水平接近。实际上，从"烈火" –3开始，印度远程导弹就"跳出"了细长的外形框架，而2米直径的固体火箭发动机有着更大的增程发展潜力。纵观美俄大型导弹发动机，大部分在同等投掷重量条件下，射程比"烈火" –5导弹均远了近1倍，重量却小了20%。可见，"烈火" –5导弹总体效率并不高。

（二）射程有所提高，但投送能力有限

此次定型试验是一次全射程发射，"烈火" –5导弹射程达5000千米。印度宣称"烈火" –5导弹射程可达8000千米，虽然未获证实，但这已经是印度目前射程最远、飞行速度最快的导弹。"烈火" –5导弹，质量50吨其最大射程只达5000千米，这说明在壳体材料、推进剂、弹载设备小型化方面距离世界水平差距较大。外界从"烈火" –5导弹的发射视频看，其起飞推比仅为1.5左右，说明其起飞推力仅为75吨左右。发动机效率低的主

要原因除了燃烧室设计和制造技术不足外，很可能是其采用的火箭发动机推进剂仍是较为落后的端羟基聚丁二烯（HTPB），这在一定程度上制约了印度弹道导弹的射程和运载能力。

（三）具备公路机动能力，但越野发射水平不高

虽然“烈火”－5导弹连续3次采用发射筒发射试验，但其机动发射方式很原始，采用的是结构严重失衡的拖挂式发射车，仅仅满足于初步的公路机动。公路机动运输—起竖—发射（TEL）车的技术难度颇高，印度此前并没有积累。这也是印度从“烈火”－2导弹开始就不得不采用民用卡车底盘和通用工业技术运载导弹的原因。这种发射方式在发射时都需要液压千斤顶进行支撑，对发射场坪的强度要求高，只能在混凝土平整地面上进行。就目前“烈火”－5导弹的尺寸、吨位而言，50吨的基本质量，加上首次使用的发射筒及配套设备后，整车的质量达80～90吨，公路机动基本上是无从谈起。

（四）弹头载荷较大，但再入能力待检验

“烈火”－5导弹弹头载荷达到1.5吨，头锥部分长度5米左右，无论是空间还是载荷都满足部署3颗分导式弹头的需要。但“烈火”－5导弹尖头锥形弹头设计通常用于射程1000千米以内，再入烧蚀不严重且精确度要求较高的导弹弹头，对于5000千米级的远程导弹，弹头设计要么采用钝头多级锥形，要么采用钝球头抗烧蚀外形，利用特殊外形或损失自身材料散发烧蚀热量，保证载荷内处于不高的温度环境。“烈火”－5导弹尖锐锥形外形只能依靠先进的耐热材料硬抗烧蚀，无法提供射程进一步提高后的抗烧蚀要求。据称，印度尽管进行了多次导弹远程试射，但没有一次全射程的有效遥测，可见印度“烈火”－5导弹弹头再入能力仍需进一步检验。

（五）制导技术先进，但是国产自主化低

在对“烈火”－5导弹的宣传中，印度多次宣称其命中精度只有数米

级，显然有过分“吹嘘”的嫌疑。例如，美国先进的“三叉戟”－2/D5 替射弹道导弹，即使采用 GPS 卫星制导，命中精度也在 100 米内。印度还称，采用了环形激光陀螺仪技术，具备同射程弹道导弹中的最高精度。激光陀螺仪如今已经发展到第三代，只能说明印度在追赶世界先进制导技术上取得了一定进步，但距离先进水平还差很远。印度所谓的国产化制导系统，是从引进的美式产品上仿制而来，性能比原版只会低不会高。仅陀螺仪的误差按照国际出口允许的 0.5°/小时的最小值计算，在 5000 千米射程上就能放大到 21 千米，“烈火”－5 导弹的命中精度应远大于 100 米。鉴于印度的自主工业水平，外界猜测其可能只能生产捷联式惯导系统，并且整体国产自主化技术水平较低。

四、印度远程/洲际弹道导弹的未来发展

“烈火”－5 导弹是印度最具野心的战略计划，这款导弹的研制成功，让印度成为在中国、美国、俄罗斯和法国之后第 5 个可以独立研制固体远程导弹的国家。但印度发展弹道导弹的最终目标是，追求射程更远、威慑能力更强的洲际战略导弹，并在技术上超过中国。

（一）增大射程

外界认为，“烈火”－5 导弹的 5000 千米射程还有很大提升空间，经过改进可达 6000～8000 千米。此外，印度正在研发射程更远、投送能力更大的后续型号“烈火”－6，这是真正意义的洲际弹道导弹。该导弹采用三级固体火箭构型，第三级发动机与一、二级一样均为 2 米直径，整个壳体均采用复合材料。“烈火”－6 导弹的质量将控制在 56 吨，用现有的沃尔沃作为发射车，能达到洲际射程。

（二）开发多弹头

印度先后于2008年成功发射“一箭10星”，2009年、2013年发射“一箭7星”，2017年、2018年发射了“一箭104星”和“一箭31星”。其实弹道导弹的分导技术要比“一箭多星”火箭技术难度大，对导弹弹头的姿态控制要求更高。目前，印度尚未进行过分导式多弹头试验。据参与“烈火”-5导弹项目的印度国防科学家表示，目前正在加紧研发“多弹头分导再入飞行器”（MITRV）相关技术。未来该技术一旦在“烈火”-5导弹上试验成功，将可针对不同目标发射多个弹头，大幅提升导弹突防能力。

（三）提高精度

虽然印度宣称“烈火”-5导弹命中精度很高，是一种“精确打击武器”，但是实际情况其内心应该很清楚。在制导组件上，印度不仅需要摆脱对原进口零部件的依赖，而且需要进一步提高加工工艺水平，在现有惯性制导技术基础上，增加误差补偿措施。此外，印度拟为“烈火”-5导弹加装GPS/GLONASS卫星导航系统，进一步提高导弹的打击精度。

（四）提高突防能力

从印度“烈火”-5导弹历次试验情况看，突防设计还处于起步阶段，其反探测、反跟踪、反识别和反拦截能力不强，仅能通过弹道调整、弹头主控等措施提高突防能力。印度科研人员可能会利用“烈火”-5导弹较大的弹头空间和载荷能力，采用配属轻、重诱饵装置、电子对抗装置和再入机动技术等，为导弹增加突防措施设计。

（五）改进发射系统

未来印度将会利用其较好的国际军贸环境和一定工业基础，发展大型载重底盘发射车，提高导弹系统的越野机动和随机发射能力。此外，通用化和模块化的设计是目前世界导弹武器发展的重要趋势，有利于大幅缩短故障诊断时间，提高可靠度与维护效率。“烈火” -5 导弹在向“烈火” -6 导弹发展过程中，必将进一步提高系统的通用性和模块化水平。

（96658 部队　马秀红　郭吉兰）

美国加速发展常规快速全球打击系统的意图及影响

美国“2018 财年国防授权法案”有关常规快速全球打击（CPGS）系统的条文引起世人高度关切。该法案将高超声速联合技术办公室更名为联合高超声速转化办公室；要求 CPGS 系统在 2022 年 9 月 30 日之前具备早期作战能力。由此可见，美国 CPGS 计划从先期技术验证向武器系统转化的速度将大幅加快，CPGS 系统即将走上战场。

一、美国加速发展常规快速全球打击系统的意图

美国 CPGS 系统包括高超声速武器平台、常规弹药、指挥控制、侦察情报等分系统，而高超声速武器平台是关键的组成部分。美国空军于 1997 年首次提出发展常规“快速全球打击”能力的思路，主要意图是“接到命令后，运用高性能的常规快速全球打击武器，在 1 ~ 2 小时内对全球任意目标实施快速、精确、决定性打击”。2003 年，美国国防部正式明确相关任务，各军种开展技术预研。

美国计划通过改造传统武器平台和研发新型武器平台两种途径全面发展陆、海、空和天基快速全球打击系统，其中研发新型武器平台是重点。

改装项目：一是将退役陆基洲际弹道导弹改装常规弹头，打击精度10米以内；二是对现役潜射弹道导弹进行常规化改装，使其携带2~4个常规弹头，打击精度10米以内。

新发项目：一是研制潜射中程常规弹道导弹；二是研发高超声速无人飞行器，包括助推—滑翔式“高超声速飞行器”（HTV-2）、X-51A实验型吸气式高超声速巡航飞行器、“先进高超声速武器”（AHW）助推—滑翔飞行器、“弧光”助推—滑翔高超声速飞行器；三是研制空天战机，主要是X-37B轨道飞行器（空天战斗机的雏形）。

美国加速发展常规快速全球打击能力的主要动因：

一是历届政府战略调整的需要。小布什、奥巴马时期，分别提出“先发制人”军事战略和“无核武器世界”思想，特朗普上台后推行“美国优先”政策和“抵消战略”，CPGS构想正好切合历届美国政府军事战略调整的需要，于是得到美国当局的全力推动，迅速进入快速发展阶段。

二是谋求对中俄军事战略优势。近年来，美国权威机构不断评估报告，俄罗斯和中国在高超声速武器上“投资巨大、进展显著且成就惊人”，严重威胁“美军前沿部署的部队甚至是美国本土”安全，对美国的全球警戒、全球到达和全球力量构成了威胁。为此，美国认为，迫于中俄高超声速导弹近几年快速发展的巨大压力，必须加速发展自己的高超声速机动武器，巩固优势地位。

三是着眼未来对外用兵的需要。冷战后，美国发动并赢得多场高技术局部战争，但依然认为，美军前沿部署及传统的海外兵力投送模式变得异常困难且代价昂贵。前沿部署的作战平台很容易被发现和摧毁，而传统的海外兵力投送模式存在周期过长、穿越他国边境受限等问题，将难以适应未来瞬息万变的战场态势。一旦拥有 CPGS 能力，就意味着美军将无需预先投送大量兵力，就可以直接从本土、前沿基地、海上平台、空中平台，甚至太空平台对重要目标实现快速、有效摧毁，从而保持美军强大的实战与威慑能力。

二、美常规快速全球打击系统的发展现状

目前，改装项目技术比较成熟，正在按计划推进。同时，大力发展高超声速“助推—滑翔”式导弹、巡航导弹、无人机及空天飞机等 4 类武器平台，部分武器系统研制取得突破进展。

改装项目状态：美国空军正在实施“民兵” -2 和“和平卫士”陆基远程弹道导弹改装，计划 2024 年前全面形成能力；海军正在实施“常规‘三叉戟’导弹改装计划”（CTM），定于 2020 年前形成能力。

新发项目状态：一是 2017 年 10 月，美国海军在陆军 AHW 项目成果的基础上，成功地完成了高超声速助推—滑翔中程导弹的首次技术验证试飞，一旦决策层批准，该导弹将在“俄亥俄”级攻击型核潜艇上完成列装；二是 HTV -2 项目研究已进入第二阶段，将开展载荷投送飞行器的实际设计、研制和飞行试验；三是 X -51A 飞行器进行了 4 次飞行试验，仅成功 1 次，计划在 2020 年研制出实战型武器；四是 AHW 已成功进行首飞，重点试验了高超声速助推滑翔技术和热防护技术，距武器化要求仍有较大差距；五

是 X－37B 已成功进行 5 次在轨测试，计划在 2019 年使用“宇宙神”－5 运载火箭进行第 6 次发射，在 2030 年前后具备 1 小时内精确攻击远程目标的能力。

与此同时，美军还在利用“高超声速吸气式武器概念”（HAWC）和“战术助推—滑翔”（TBG）项目所取得的技术成果，以非常规方式采办战术级高超声速导弹，将其装备到空军作战飞机和海军水面舰艇上，从而快速形成作战能力。

总之，美国高超声速武器将在未来 3 年内密集完成技术集成验证，距离型号仅剩一步之遥。

三、美国加速发展常规快速全球打击系统对我国的影响

（一）战略纵深优势将受到极大抵消

美国 CPGS 系统具备四大显著特点：一是打击距离远，可以从海上、空中、临近空间和太空中，打击全球任何目标，正在研发的轨道飞行器能在 1 小时多飞行 1.5 万千米；二是打击速度快，武器飞行速度都在马赫数 6 以上，甚至高达马赫数 25，从接到命令到完成作战任务不超过 2 小时；三是打击精度高，无论武器飞行多远，通过 GPS 等技术都可将打击精度控制在 3 米以内；四是突防能力强，弹道多变，飞行速度极快，现有预警探测网难以准确捕获目标，作战部队反应时间不足。因此，我国国土纵深的战略价值将大大降低，作战反应时间将被极大压缩，把握战争初期主动权将十分困难，包括首脑机关、核阵地在内的国家重要战略目标将处于美国的 CPGS 威胁之下，国家安全将受到极大威胁。

（二）核常力量生存面临直接威胁

全球快速打击武器的高超声速武器技术同传统武器相比，速度更快、航程更远、精度更高，对于打击“遥远地区的时间敏感目标”“大型、复杂、坚硬、地下目标”，尤其是迅速瘫痪敌大规模杀伤性武器和指挥控制节点，具有特别优势。高超声速武器与亚声速武器对比如表1所列。据美国计算机模拟战况显示，其利用3500～4000件全球快速打击武器，6小时内便能摧毁对手主要基础设施，令对手毫无还手之力。倘若对俄罗斯进行攻击，俄罗斯80%～90%核力量将被摧毁。俄罗斯评估认为，2020年美国全球快速打击武器将达2500～3000件。美军内部还将其作为摧毁对手“反介入”能力的有效常规手段，打击对手的防空系统、指挥通信节点和导弹发射阵地等，为后续作战力量进入打开通道。可以预见，美国未来常规介入我国周边事态时，将更多依托全球快速打击系统，我国常规导弹阵地、指挥通信节点等将面临严重威胁。

表1　高超声速武器与亚声速武器对比

类型	打击距离 15000千米	打击距离 5000千米	打击距离 2000千米
亚声速武器 （小于马赫数1）	约12小时	约4小时	约1.6小时
高超声速武器 （马赫数6）	约2小时	约40分钟	16分钟
高超声速武器 （马赫数10）	约1.2小时	约24分钟	约9分钟
高超声速武器 （马赫数25）	约29分钟	约10分钟	约4分钟

（三）火箭军作战能力将受到严峻挑战

一是将增加火箭军预警反击难度。美国CPGS系统快速、全方位精确打击能力的形成，使我国未来对其战略预警更加困难。二是将削弱火箭军机动作战能力。美国 CPGS 系统打击的即时性，将使火箭军导弹武器的隐蔽与机动陷入困境。三是将制约火箭军核反击能力。美国 CPGS 系统命中精度高，杀伤力强，可对火箭军地面、地下导弹发射阵地实施快速精确打击，将给阵地综合防御带来极大压力。四是将对火箭军作战运用方式构成严峻挑战。

美国常规快速全球打击系统可从陆、海、空、天平台进行多种方式的打击，火箭军目前导弹武器平台的运用方式已不能应对未来美常规快速全球打击系统的威胁，因此，对拓展火箭军导弹武器平台的多样式运用提出了新的更加紧迫的要求。

（四）核裁军压力将骤然增大

虽然在 2018 年 1 月 31 日美国总统特朗普发布的任内首份国情咨文中宣布，中俄是美国的竞争对手，将更新、重建美国的核武库保持威慑；2 月 2 日，美国发布的新版《核态势评估》报告中提出加大更新核武器投入，研发新型核武器，提高核威慑力，但是美国 CPGS 系统作为可实战运用的常规战略武器一旦建成，美国将进一步降低对核武器的依赖，可能放手推进核裁军进程。通过美俄互动，带头削减核武器数量，进而带动国际舆论，逼迫中印加入，限制我国发展核力量。我国核力量发展势必受到更大外部压力，不仅核力量建设规模可能受限，核威慑效能也将大打折扣。

（96658 部队　王旺能　武战国）

美俄空间核反应堆电源新进展

2018年以来，美俄两国均在推动空间核反应堆电源新一轮发展。美国重点发展千瓦级小功率电源，以满足深空探测和星体表面供电需求；俄罗斯重点发展兆瓦级大功率电源，以用于装备核电推进航天器。美俄正在研制的空间核反应堆电源运行寿命将大幅提升，可为推进器提供更多能源，为未来深空探索做好技术储备。

一、研发背景

空间核反应堆电源是把核反应堆的裂变热能转换为电能，可用于太空任务的电源，与太阳能、化学能电源相比，可满足更大功率、更长寿命、全天候运行的需求。美国和苏联从20世纪50年代开始研制空间核反应堆电源。美国1965年发射了世界上第一颗空间核反应堆电源的卫星，输出电功率500瓦，运行时间43天。苏联从20世纪70年代到80年代末共发射34颗装备有空间核反应堆电源的军事侦察卫星，包括32个3千瓦的Buk电源和2个约5千瓦的“托帕兹”-1电源，最长运行时间不超过1年。美国和俄罗斯针对当前太空任务对电源功率和寿命的新需求，在现有技术基础上不断创新，研发新型空间核反应堆电源。

二、美国 Kilopower 反应堆电源成功完成地面样机热试验

美国洛斯阿拉莫斯国家实验室于 2012 年完成 Kilopower 反应堆电源原理验证，2015 年启动样机研制和前期测试，2017 年 11 月至 2018 年 3 月完成地面热运行测试。美国 kilopower 反应堆电源设计方案如图 1 所示。

NASA 宣布通过地面样机热运行试验，完成空间反应堆电源 Kilopower 反应堆电源功能验证。样机长 1.9 米，堆芯直径 11 厘米，技术成熟度达到 5 级。Kilopower 反应堆电源可满足一至几十千瓦电功率需求，无人值守运行达 10 年以上，是千瓦级空间反应堆电源研制的重大突破，可为深空探测、月球与火星表面基地任务提供功率更大、寿命更长的能源。

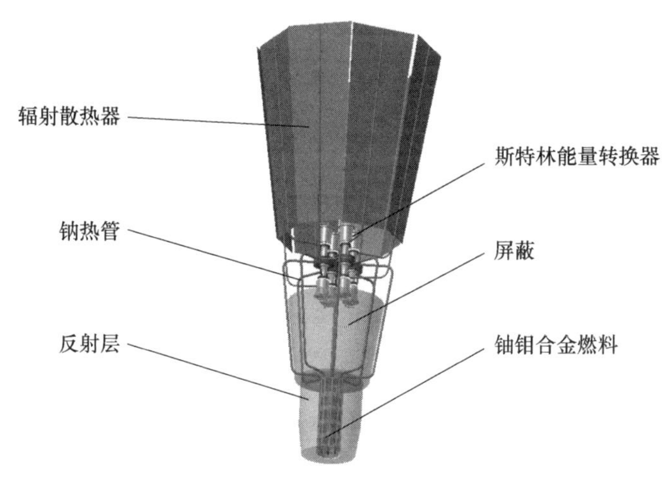

图 1　Kilopower 反应堆电源设计方案

Kilopower 反应堆电源由反应堆、热管、能量转换器、辐射散热器等组

成。工作原理是反应堆中铀－235 发生链式反应释放的热能经热管传递给能量转换器，转换成电力输出，废热由辐射散热器释放到环境中。

Kilopower 反应堆电源是空间核电源的重大创新：一是使用整块铀钼合金堆芯。堆芯铀质量比高达 92%，铀原子密度高，功率密度和热导率高，中子特性好，相对多组件式堆芯更紧凑简化，且负反馈特性强，可自我调节匹配电源负载，无需外部控制。该设计的燃耗极低，寿命可达 10 年。二是采用非能动钠热管。热管材料为耐高温海恩斯 230 合金，热管中的冷却剂钠通过对流和毛细作用在冷端与热端之间循环，实现非能动传热，无需循环泵，较传统反应堆更加简化可靠。多根热管相互独立运行，冗余性好。三是使用斯特林能量转换器。转换效率超过 20%，是现有空间放射性同位素电源热电偶的 2 倍以上，有利于大幅减少核燃料装料，提高装置功率重量比。四是采用模块化设计。增加燃料、热管、转换器的数量，单个电源输出功率可从 1 千瓦提升到 10 千瓦。数个 10 千瓦电源可模块化组合使用，满足几十千瓦能源需求，扩展性好。

空间核电源包括放射性同位素电源和核反应堆电源。放射性同位素电源目前仅能满足百瓦级以内深空探测供电需求。空间核反应堆电源的体积重量更适合千瓦级以上供电。美国 20 世纪 60 年代唯一发射的空间反应堆电源电功率 500 瓦，实际运行仅 43 天；俄罗斯 20 世纪 70 年代至 80 年代发射了 35 个空间反应堆电源，电功率约 5 千瓦，最长运行寿命不超过 1 年。之后，美俄启动了其他更高功率、更长运行寿命的空间反应堆电源研制计划，但均未能攻克关键技术。2012 年，为响应载人火星探测计划需要，NASA 联合美国能源部完成了 Kilopower 反应堆电源原理验证；2015 年开始研制样机（图 2）；2017 年 11 月至 2018 年 3 月先后完成样机地面冷态测试、低温运行测试、28 小时满功率高温测试，堆芯温度达到 800℃，样机各方面性能均达到或超过设计预期。下一步，NASA 将开展太空飞行测试论证。

图 2　Kilopower 反应堆电源地面样机组装

Kilopower 反应堆电源可满足深空探测等航天任务更大的能源需求，提高航天器动力、通信、科学探测能力，还可作为月球、火星等的星表电源，为载人基地提供能源。Kilopower 反应堆电源的高可靠、长寿命设计方案，在深海或偏远地区的长期无人值守装备上，也具有显著应用前景。

三、俄罗斯兆瓦级核反应堆电源研发取得关键部件突破

俄罗斯新闻社 2018 年 10 月 29 日报道，俄罗斯对兆瓦级核动力装置的关键部件液滴辐射器成功进行了地面测试，测试结果满足技术指标要求，

表明俄罗斯兆瓦级核动力装置的关键部件研制取得重大进展。

俄罗斯兆瓦级核反应堆电源于 2009 年启动研制，2018 年其关键部件液滴辐射器成功进行了地面测试，表明该项目取得实质性进展。

俄罗斯兆瓦级核反应堆电源采用了高温气冷堆电源和布雷顿循环能量转换的方案，反应堆使用高密度燃料和单晶难熔合金燃料元件包壳，出口温度高于 1500 开，冷却剂和布雷顿能量转换工质为含氦质量比 7.17% 的氦—氙混合物，转换效率可达 35%，输出功率 1 兆瓦，运行寿命 10 万小时（超过 11 年），与大功率电推进器组合可用于航天器推进。俄罗斯计划在 2025 年建成装备核动力装置的航天器。此次完成测试的液滴辐射器是用于空间核电源排放废热的新型热控设备，与传统板式辐射器相比，散热表面积大，可大幅提升冷却速度，体积小、重量轻，受陨石危害小，生存能力强，因此更适用于大功率电源散热。

俄罗斯兆瓦级空间核动力装置将能突破常规动力航天器的能力局限，可应用于近地空间摆渡作业、太阳系外行星及其卫星探测、小行星危害防止、在轨退役航天器清除、载人火星探测等任务。

（中国核科技信息与经济研究院　许春阳）

国外核聚变技术最新发展动态

近年来，美国、英国等国家核聚变技术研究日趋活跃。2018 年，美国首个紧凑型核聚变装置设计获得专利，同时国家点火装置取得了重要进展，英国建造了世界首个基于高速撞击聚变原理的大型试验装置，德国仿星器也创造了新的性能纪录。

一、英国积极开发基于新原理的核聚变技术

（一）首次开展高速撞击聚变装置测试

2018 年 8 月，英国第一束光聚变公司宣布成功完成脉冲功率装置“3 号机”（图 1）首次测试，成功实现了射弹的电磁加速撞击，初步验证了装置的设计功能。“3 号机”是世界上首个用于开展高速撞击聚变研究的大型脉冲功率装置，开辟了惯性约束核聚变在受控聚变能利用方面的新技术途径。

“3 号机”由一个中心靶室和在其周围对称布置的 6 个完全相同的电磁加速子装置构成。其工作原理是每个子装置分别利用电磁能加速 1 个

毫克级金属射弹，6 个射弹同时高速撞击靶室内的氘氚燃料靶丸，形成超强冲击波，在极短时间内将靶丸中的氘氚燃料等离子体化，进而压缩至高温高密度状态并发生聚变。设计指标：单个电磁加速子装置的设计放电电压为 20 万伏，电流超过 1400 万安，在 2 微秒内释放的能量相当于近 500 次同时发生的雷击，能够将毫克级的金属射弹最高加速到 20 千米/秒。

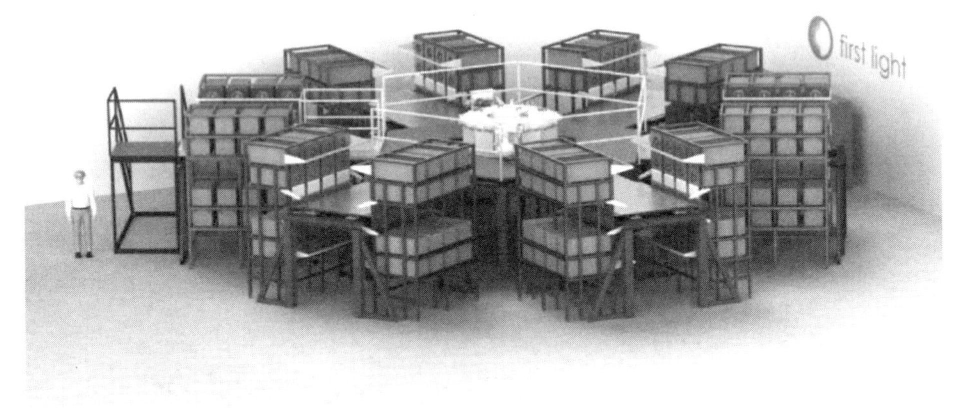

图 1　“3 号机”示意图

与当前主流的激光驱动惯性约束核聚变技术路线相比，高速撞击聚变技术有以下优点：一是能量转换效率高。射弹动量直接转移到靶丸，能量转换效率远高于激光束驱动方案的 10% 。二是设计简单、控制难度低。“3 号机”仅有 6 路电磁加速子装置，实验装置的控制难度远低于国家点火装置，后者需同时控制 192 路激光束。因此，高速撞击聚变技术与激光驱动惯性约束聚变技术相比更适于受控聚变能利用。三是成本低。根据第一束光聚变公司估计，实现该技术最终可自持能量增益仅需约 4 亿英镑，远低于其他主流聚变技术路线。

高速撞击聚变技术于 20 世纪 60 年代由美国提出，之后主要进行了理论探究，但受射弹加速、计算机模拟与控制等技术限制而未能建成任何实验装置。英国第一束光聚变公司于2011年开始开展可控聚变和聚变发电研究，2015年利用8千米/秒的高速气枪首次验证了等离子体的产生，并开始研发电磁加速装置，2018年3月开始建造高速撞击聚变脉冲功率装置“3号机”，8月验证了子装置设计的功能。计划2019年开展首次聚变实验，2024年完成点火。

后续，该公司将围绕高速撞击聚变开展实验，重点研究射弹与靶丸相互作用的物理学机理，以及提高靶丸三维压缩效率等难题，目标是实现能量增益。“3号机”设计者认为，该方案建造费用低、周期短，如能成功可加速受控核聚变进程，对加快受控聚变实现研究有重大意义。

（二）开发小型托卡马克聚变技术

英国应用聚变系统公司2018年初表示，正在开发可用于星际旅行的小型核聚变动力技术。目前，该公司正处于核聚变反应堆设计阶段。该公司表示，已经在修改托卡马克设计上迈出了重要的一步。这些修改将使基于托卡马克原理的聚变反应堆体积小、重量轻，可以装入航天器内部。应用该技术可以使去往火星的旅行时间减半，并使恒星间太空任务成为可能。

英国应用聚变系统公司提出的聚变堆概念与拥有840米^{3}等离子体的国际热核聚变实验反应堆（ITER）不同，ITER是目前世界上最大的核聚变项目，目前正在建造中，将于2025年启动。该公司表示，ITER之所以如此庞大，是因为它是基于1997年的设计。当时没有今天的超级计算能力，大尺寸是对抗等离子体中的湍流效应的唯一方法，而这种效应会导致核聚变反应停止。现在，研究人员已经使用现代超级计算机模拟来证明，关键不是对抗灼热的等离子体，而是学会如何利用它。这些计算机模拟表明，规模小得多的反应堆能够使商用聚变电站成为现实，应用聚变系统公司于 2014 年启动，目标是在 ITER 启动之前开发可实用的聚变技术。

二、美国革新性聚变设计获得专利，继续推动惯性约束聚变开发

（一）洛克希德·马丁公司革新性聚变反应堆获专利

2018 年 3 月，洛克希德·马丁公司开发的革新性聚变反应堆设计获得专利。洛克希德·马丁公司于 2014 年 10 月宣布，其臭鼬工厂开发了 4 年的紧凑型磁约束聚变反应堆取得技术突破，可尽快完成设计、建造与测试，有望 10 年内运行。该反应堆为直径 2 米、高 4 米的圆柱形，尺寸是目前世界上最大的聚变装置——国际热核聚变反应堆（ITER）的 1/10，电功率 100 兆瓦，可用于航空母舰等大型船舶或为 8 万户家庭供电。

（二）国家点火装置的聚变中子产额翻倍

劳伦斯利弗莫尔国家实验室 2018 年 6 月宣布，国家点火装置进行的一项实验获得了 1.9×10^{16} 的聚变中子产额和 54 千焦的聚变能，是之前纪录的 2 倍。热点压力首次超过太阳中心压力，达到 3600 亿个大气压。本次实验中，劳伦斯利弗莫尔国家实验室开发了一种新的菱形胶囊（超薄高密度碳层中含有氘—氚（DT）聚变燃料），将其放入一个贫铀空腔。通过该技术，能更好地控制驱动胶囊的 X 射线对称性，从而产生“更圆”、更对称的内爆。

国家点火装置于 2009 年建成运行，是世界上规模最大、最先进的激光间接驱动惯性约束聚变实验装置。它的激光系统可提供 192 束波长 0.35 微米的紫外激光，设计总能量 1.8 兆焦，功率约 500 万亿瓦。2010 年，该装

置进行了首次综合点火验证实验。2013 年，激光能量达到 1.875 兆焦，聚变中子产额为 3×10^{15}。

三、德国仿星器创造新的实验纪录

2018 年 6 月 25 日，德国马克斯·普朗克等离子体物理研究所通报了 Wendelstein 7－X 仿星器的新性能纪录。早期实验表明，反应堆中的等离子体达到了历史最高温度和密度。在新的测试中，通过对部件进行升级，该纪录再次被打破。最新的测试纪录为 Wendelstein 7－X 仿星器离子温度达到约 4×10^{7}℃。在先前的实验中，等离子体脉冲持续约 6 秒。现在增加到 26 秒。引入系统的热能也增加到 75 兆焦，约为早期实验的 18 倍。马克斯·普朗克等离子体物理研究所为提高效率做的设计升级，包括可以承受更高温度的内壁石墨砖（偏滤器）。偏滤器可保护扭转炉壁，并允许技术人员在更高的温度下泵入更多的等离子体，同时增强对氢等离子体密度和纯度的控制。

仿星器装置的最大优点是能够连续稳定运行，而托卡马克服装置只能脉冲式的工作。马克斯·普朗克等离子体物理研究所的仿星器装置呈环形，高 4 米、直径 15 米，质量 550 吨，磁场强度为 3 特斯拉。等离子体半径最大 5.5 米，最小 0.53 米。该装置的关键部件是产生磁场的超导线圈和隔热箱。德国 Wendelstein 7－X 仿星器采用铌钛合金导线作为超导线圈材料，由 200 根超导线材束成电缆，其外用强化铝合金冷凝管中的液态氦冷却至 4 开，整个装置所用的超导线长 60 千米。仿星器以真空为主要隔热手段，辅以热反射薄膜，能将上亿摄氏度的等离子气体与零下 200 多摄氏度的液态氦完全隔绝。

德国 Wendelstein 7 - X 仿星器于 2014 年建成。马克斯·普朗克等离子体物理研究所表示，Wendelstein 7 - X 仿星器建造的早期阶段“受到了质量问题的阻碍”，主要集中于超导线圈的电绝缘和改进线圈支撑结构件的额外工程要求。这些线圈是由德国 Wuerzburg 的 Babcock Noell 有限公司和意大利热那亚的 ASG 超导体公司生产的。保持部件在适当位置不受巨大磁场影响的支撑结构件是由西班牙 Ensa 公司生产。

四、俄罗斯开发出裂变聚变混合堆

2018 年 5 月，俄罗斯库尔恰托夫研究院宣布，俄罗斯正在库尔恰托夫研究院组装一座裂变聚变混合堆，并计划于 2020 年启动。

裂变聚变混合堆结合了核聚变和核裂变的原理，本质上是一个托卡马克聚变堆和一个熔盐裂变堆。小型托卡马克装置产生的中子将被周围的熔盐包层捕获利用。该设施将使用钍作为燃料，它比铀更便宜且储量更丰富。此外，裂变聚变混合堆不需要超高温来产生能量，这与聚变堆是不同的。

裂变聚变混合堆减少了核燃料循环对环境的影响。这一概念将传统的裂变过程和聚变反应堆原理结合在一起，其中包括一个聚变堆堆芯和一个亚临界裂变堆。聚变反应产物通常由反应堆冷却系统吸收，并进入裂变反应堆，维持裂变过程。熔盐包层中的钍能够增殖转化为铀 - 233。

裂变—聚变混合堆可看作实现聚变应用前的过渡性应用方案，纯核聚变能源系统还需要进一步开发。

五、结束语

核聚变能够释放巨大能量，同时也具有较好的环境保护特性，被视为核能利用的终极能源。国际上从20世纪50年代开始研究受控核聚变，主流为磁约束和惯性约束两条技术路线。近年来，核聚变研究在传统路线基础上还呈现出小型化和创新性两个特点。早期核聚变受技术条件限制，装置的体积都比较大，国际热核聚变装置就是典型的代表。近期，美国、英国等国家都相继提出了一些创新性的小型核聚变技术，扩大了聚变的应用领域，并缩短了应用预期。此外，仿星器、高速撞击核聚变等非主流核聚变技术也开始加快发展。

（中国核科技信息与经济研究院　孙晓飞　李宗洋）

美国加速推动耐事故核燃料商用

2018 年 3 月，全球核燃料公司（GNF，为通用电气和日立公司的合资企业）耐事故燃料的先导测试燃料首先装入美国佐治亚州的一座沸水堆进行测试。2019—2022 年，西屋公司和法马通公司的多种燃料设计的先导测试燃料也将陆续入堆测试。美国电力研究院（NEI）2018 年 4 月 19 日称，利益相关方一致认为，2023 年实现商用具有可行性。

一、主流的轻水堆锆合金包壳燃料在事故高温下稳定性差

目前，全世界轻水堆核电站普遍采用的锆合金包壳和二氧化铀芯块核燃料已极为成熟。世界主要核能公司几十年来不断改进锆合金包壳的合金成分和热处理工艺，包壳材料在正常运行条件下的可靠性、安全性和经济性不断提升，燃料燃耗超过 60 吉瓦·天/吨铀。然而，锆合金包壳主要缺点之一是在极高温度下（1200℃以上）和水迅速发生反应释放大量氢气，因此在反应堆丧失冷却事故，燃料冷却受阻时，会导致包壳破损、放射性物质释放甚至氢气爆炸。

自2011年3月11日日本福岛核电站事故以来，美国能源部和多家企业启动了相关计划，加速开发耐事故燃料，目标是使核燃料在冷却剂丧失、温度显著升高的情况下能长时间保持安全性，从而提高现有轻水堆核电站反应堆的运行安全裕量。

二、耐事故燃料采用新型包壳和芯块材料，提高事故条件下的安全性

耐事故燃料目的是在轻水堆冷却剂丧失情况下，比现有核燃料更长时间保持安全性，提高现有核电站的安全裕量。耐事故燃料还能提高燃料在正常运行条件下的运行灵活性和运行效率，从而提高经济性，并能为新型堆型核燃料的提供经验。

国外当前正在开发设计多种耐事故燃料，进展较大的开发企业主要为法马通公司、全球核燃料公司、西屋公司等。耐事故燃料的主要设计思路是使用新型包壳材料，提高包壳材料在高温下稳定性，使其在发生冷却剂丧失事故温度剧烈上升的情况下能长时间保持安全性。

通用电气的新型包壳材料FeCrAl合金是一种高含量铬的不锈钢，厚度300微米，能在1450～1500℃保持稳定。西屋公司采用有涂层的锆合金包壳，其中铬涂层包壳可支持1200℃高温的长时间运行，铬铌涂层可支持1400℃高温的长时间运行。法马通公司也采用了类似的铬涂层锆包壳。西屋公司和法马通公司还开发了碳化硅包壳材料。西屋公司碳化硅/碳化硅陶瓷基体复合材料预计可在1700℃无限期地保持稳定，在1900℃下也能数小时不损坏，即便芯块熔化，也能保持包容。

耐事故燃料还将采用改进的燃料芯块材料。西屋公司采用了高密度、

高热导率的硅化铀燃料芯块。阿海珐集团采用掺杂 Cr2O3 的燃料芯块，能减少裂变气体释放，且具有“柔性”能降低芯块包壳之间的力学相互作用。

三、预计 2023 年可商业应用，实现安全和经济收益

美国正在研发投入和监管程序上采取积极举措，加速耐事故燃料的商业应用。

主要企业开发的耐事故燃料正进入堆内测试阶段。2018 年 3 月，全球核燃料公司的 FeCrAl 包壳耐事故燃料的先导测试燃料已装入美国佐治亚州的一座核电站沸水堆进行测试。2019 年计划入堆的是西屋公司的铬包覆锆合金包壳的硅化铀芯块燃料和法马通公司的铬包覆锆合金包壳和氧化铬掺杂二氧化铀芯块燃料。2022 年计划入堆的是西屋公司碳化硅包壳硅化铀芯块燃料和法马通公司的碳化硅包壳氧化铬掺杂二氧化铀芯块燃料。

美国能源部也正将先进燃料技术的投资经费聚焦于耐事故燃料技术。美国国会近期决定在 2018 财年预算中为能源部的耐事故燃料计划拨款 8500 万美元。近期主要工作包括：在先进试验反应堆（ATR）测试耐事故燃料小型样本，支持西屋、法马通等公司在核电站测试先导燃料，重新启动的瞬态反应堆测试设施进行样本测试，支持各实验室开展轻水堆耐事故燃料研究等。

美国现行的核技术许可证审批流程过时且复杂度高，是耐事故燃料及时进入市场，实现其安全和经济效益的主要障碍。对此，美国核管会近年来也积极推动耐事故燃料的许可程序。利用先进计算平台和先进建模仿真建设获得的新能力，提高独立评估的效率效果，缩短审批时间。2017 年 12

月 21 日，美国核管会公布了耐事故燃料审批的项目计划草案——《核管会为耐事故燃料许可与监管而进行相关准备的项目计划草案》，为耐事故燃料的下一步监管和许可做准备，提出了对各种耐事故燃料进行许可审批的初步策略。

（中国核科技信息与经济研究院　许春阳）

应用3D打印技术制造核级部件进展

近年来，3D打印技术已在核电领域实现了从理论研究、技术分析向工程实践应用的跨越，国外在3D打印制造核级部件方面取得的成果引人注目。2018年11月，俄罗斯与法国核能公司就核领域的3D打印技术开发达成了合作意愿。其他国家主要核工业机构也在加大力度开展技术研发。

一、3D打印辅助设备部件已实现应用

在核领域，由于构件的运行工况较复杂，维护不方便，对可靠性要求非常高，而且有的构件还需考虑辐照性能问题，因此引入3D打印将面临更多问题。

与传统制造方法相比，将3D打印技术应用于核级部件制造具备多个优势：可生产高设计自由度的特殊部件；可加快新部件从设计到生产的部署进度，且生产成本低；形成的部件均匀性好，化学成分可控；可广泛用于核部件制造，包括核燃料、辅助部件和重要部件等。但目前该技术尚未建立工业化生产能力，大规模应用将面临3D打印标准体系的建立与完善、生

产能力和产品质量提升等方面的挑战。

德国西门子公司于2017年1月在斯洛文尼亚的克尔什科核电站成功安装首个直径108毫米的3D打印消防泵金属叶轮，目前正在安全持续运行，有望延长核电站的预期寿期。该部件采用逆向工程制造，经测试，材料性能优于原来的部件。该公司计划继续和克尔什科核电站合作研发3D打印技术，重点推进传统技术难以生产部件的设计，如具有改进冷却模式的轻型结构。

二、采用3D打印研制先进核燃料和堆内构件取得重要进展

（一）美国

西屋公司目前正在研究三种3D打印技术：

（1）激光粉末床熔融技术，适用于生产小型复杂的燃料结构部件。该技术生产的产品流动特性高，结构更轻、更坚固，可使燃料性能得到较大的提高。此外，采用该技术可以较低的价格制造传统制造方法无法生产定制的小体积部件。西屋公司已成功对激光粉末床熔融3D打印的部件进行辐照和辐照后测试，并计划在商用反应堆中使用。

（2）黏合剂喷射3D打印技术，适用于生产更小型的复杂部件，不需要制造复杂的铸件模具，可将成本降低50%，生产周期缩短75%。成本低于激光粉末床熔融技术。

（3）直接能量沉淀技术，可用来生产适用于现有部件的喷嘴、凸台和法兰等，以及大型或更加复杂的部件。

爱达荷国家实验室（INL）2017年10月开发核燃料3D打印技术，被称为“作为一种替代性制造技术的3D打印”（AMAFT）。AMAFT采用铀基

原料，将处理铀矿石的传统水冶法和爱达荷实验室发明的“激光成型”技术结合起来，可制造出更安全、更先进的核燃料。该技术已被用来制造硅化铀（U_3Si_2）颗粒。U_3Si_2比传统的二氧化铀燃料密度更大，导热性能更强，因此耐事故性能更好。与传统技术相比，该技术可精简工艺步骤，节约时间和成本。

通用电气—日立核能公司（GEH）2016 年以来采用直接金属激光熔融（DMLM）技术，3D 金属打印 316L 和 Inconel 718 合金，生产核电站替换部件。生产出的部件样品运往爱达荷国家实验室的先进试验堆进行辐照，辐照后取出，进行测试并和未经辐照的材料进行分析比较。这些工作大部分已经完成。GEH 目前正在考虑反应堆内部构件，包括燃料碎片过滤器和喷射泵备件。

（二）英国

《国际核工程》2017 年 6 月公布了英国核先进制造研究中心确定的三种成熟的可潜在应用于核制造业的技术：热等静压工艺（HIP）、采用粉末床或吹制粉末的 3D 打印技术以及放电等离子体烧结技术。这些工艺可生产具有优质材料性能的近净成型部件，避免了焊接等潜在的缺陷。这些工艺已经在航空航天等领域应用，而且用于生产一些海军堆部件，但尚未得到民用核工业的认可和批准。

三、集中力量推动研发

俄罗斯国家原子能公司（Rosatom）近年来尤为重视 3D 打印技术在核工业的应用。2018 年 2 月，Rosatom 公司成立 3D 打印技术公司 RusAT，负责该技术研发，并制定了核工业 3D 打印技术发展路线图和战略。Rosatom

公司重点关注3D打印的四个重点领域：打印机及其部件的生产制造，材料和金属粉末的生产，系统的软件开发，为工业企业提供3D打印服务。RusAT公司目前正在研究分离金属粉末技术；Rosatom公司还计划建立四个专门研究3D打印技术的工业工程中心，研发3D打印新技术和新材料，培训专业人员，计划到2018年底具备开展3D打印业务的能力。

此外，英国核先进制造研究中心联合阿海珐集团、法国电力集团、法国原子能委员会和瑞典材料研究组等共同参与PowderWay项目，还制定了一回路管道和用于燃料过滤器捕获碎片的小型复杂构件等六种部件的发展规划；通用电气—日立核能公司在合作开发NSUF计划，评估核电站部件3D打印的材料性能特征。

四、结束语

近年来，全球3D打印市场规模快速增长，随着各国在3D打印领域相关研究的不断深入，直接金属激光熔融技术、激光粉末床熔融和粘合剂喷射3D打印技术、直接能量沉积技术等一批新工艺、新技术不断取得突破。美俄等技术领先的国家一直将3D打印技术作为开发核电站部件的新兴工具。目前，辅助设备部件3D打印已实现应用；核燃料和堆内构件3D打印技术正在研发中，其关键是堆内辐照和辐照后测试。随着3D打印技术的不断进步，3D打印将成为生产核能设施部件更加可行、安全的选择。

（中国核科技信息与经济研究院　蔡莉）

FULU

附　录

2018 年战略威慑与打击领域科技发展大事记

1 月

美国 W88 核弹头 370 改型计划取得进展 1 月，美国桑迪亚国家实验室通过了核武器委员会对 W88 核弹头 370 改型计划中解保、引信和点火子系统的最终设计审查，Y－12 国家安全综合体也被批准为 W88 核弹头 370 改型制造零部件，比原定计划提前了近两年。

印度成功进行“烈火”－5 远程弹道导弹发射试验 1 月 18 日，印度东北部的昌迪普尔综合发射场成功进行了“烈火”－5 远程弹道导弹发射试验。印度声称，该导弹是“世界上同射程级别中最精准的战略弹道导弹”。从导弹成功发射来看，其在发展洲际弹道技术上又向前迈了一步。

法国原委会调低计划建造的增殖快堆功率 1 月，法国原子能与可再生能源委员会（CEA）提出将计划建造的 Astrid（“工业示范用先进钠技术反应堆”）原型增殖反应堆的堆功率从 600 兆瓦降至 100～200 兆瓦。法国曾在 2010 年批准对 Astrid 研究项目投资约 8.09 亿美元（6.52 亿欧元）的预算，但目前 Astrid 增殖反应堆项目支出已达约 8.69 亿美元（7 亿欧元）。

2 月

美国新版《核态势评估》报告对核政策做出重大调整 2 月，美国特朗普政府公布最新版《核态势评估》报告，对美国未来 10 年的核力量建设做出规划。与 2010 年版报告相比，新报告在安全环境判定、核威慑战略、核武器运用政策、核力量发展政策等方面都有重大变化，标志着美国核战略与政策的大幅调整，将对世界核态势产生重大而深远影响。

美国启用冲击物理实验设施，用于支持核武器科研与库存管理 2 月，美国国家核军工管理局和洛斯阿拉莫斯国家实验室举行状态方程（DEOS）设施启动仪式。该设施将持续开展冲击物理实验，支持国家核军工管理局的科学和核武器库存工作。新设施中将安置气枪和火药枪，可在极端条件下产生基本的、高精度冲击波数据。这些类型的实验称为状态方程实验。

俄罗斯质疑美国新《削减战略武器条约》履约情况 2 月，俄罗斯对美国是否遵守新《削减战略武器条约》提出质疑，并警告称美国政府的新核战略会降低使用核武器的门槛。俄罗斯认为，美国的新版《核态势评估》报告是建立在对俄罗斯意图的错误假设上，并包含了令人担忧的核武器现代化计划。

俄罗斯制定核工业 3D 打印技术发展路线图和战略 2 月，俄罗斯 Rosatom 公司成立 3D 打印技术公司 RusAT，负责该技术研发，并制定了核工业 3D 打印技术发展路线图和战略。该公司关注 3D 打印的 4 个重点领域：打印机及其部件的生产制造，材料和金属粉末的生产，系统的软件开发，为工业企业提供 3D 打印服务。

3 月

俄罗斯国情咨文重申核武器使用政策 3 月，俄罗斯总统普京发布国情咨文，重申了俄罗斯核武器使用政策，即俄罗斯有权使用核武器，用于应对针对俄罗斯和其盟友的核攻击，大规模杀伤性武器攻击威胁国家存亡的常规侵略；任何对俄罗斯及盟国使用核武器，无论威胁大小，都会被视为核攻击，并将立即遭受报复性打击，同时强调俄罗斯开发新型战略武器系统是对美国单方面退出《反弹道导弹条约》并建立全球反导系统的回应，反制意图明显。

美国首次完成 Kilopower 新型空间反应堆电源样机热试 3 月，美国成功对新型 Kilopower 空间反应堆电源样机进行热试。这次测试是美国推进空间核反应堆电源应用、提升太空任务能力走出的实质性一步。Kilopower 空间反应堆电源充分采用成熟度较高的技术，是全球首个采用堆芯内热管冷却的反应堆，代表了空间反应堆电源设计的新方向。

美国开发的耐事故燃料全球率先装入核电站使用 3 月，美国佐治亚州哈奇 1 核电站 1 号机组开始使用耐事故燃料测试组件运行，这是美国首次在商用核反应堆中安装耐事故燃料。全球核燃料公司（GNF）表示，这种燃料测试组件是通过美国能源部的增强型耐事故燃料计划开发的第一个项目，可提供在各种条件下抗氧化性和“优良的材料性能”，在较高温度下的低氧化速率进一步提高了安全限制裕度。

美国能源部研究地下处置冗余钚方案 3 月，美国能源部委托 15 名科学家组成的小组研究稀释过剩武器级钚，以及将稀释后的钚永久储存在新墨西哥州地下储存库中的可行性。该小组将评估废物隔离中试厂的储存潜力。作为两国不扩散协议的一部分，美国能源部的萨凡纳河场址正在稀释

6 吨钚，以便运往新墨西哥东南部的储存库。

美国革新性聚变反应堆设计获得专利 3 月，美国洛克希德·马丁公司开发的革新性聚变反应堆设计获得专利。洛克希德·马丁公司于 2014 年 10 月宣布，其臭鼬工厂开发了 4 年的紧凑型磁约束聚变反应堆取得技术突破，可尽快完成设计、建造与测试，有望 10 年内运行。

英国建造世界首座高速撞击聚变装置 3 月，英国第一束光聚变公司开始建造世界首座基于高速撞击聚变原理的脉冲功率装置 3 号机。8 月，该公司进行了 3 号机首次测试，成功实现了射弹的电磁加速撞击，初步验证了装置的设计功能。3 号机是世界上首个用于开展高速撞击聚变研究的大型脉冲功率装置，开辟了惯性约束核聚变在受控聚变能利用方面的新技术途径。

4 月

美国发布新政策新规范，促进核能创新和安全发展 4 月，美国核管会（NRC）发布了监管指南 1. 232《开发非轻水反应堆主要设计标准指南》。该监管指南的《通用反应堆设计标准》涵盖了大多数非轻水反应堆技术，还包括钠冷快堆和高温气冷堆的技术标准。该监管指南阐述了通用设计标准（GDC）如何适用于非轻水反应堆设计。非轻水反应堆申请人可以使用该指南为任何非轻水反应堆设计制定主要的设计标准。

俄罗斯“罗蒙诺索夫院士”号海上浮动核电站首航 4 月，俄罗斯“罗蒙诺索夫院士”号海上浮动核电站建造完工，并从圣彼得堡首航，前往摩尔曼斯克装载燃料。这是世界首座下水航行的浮动核电站。“罗蒙诺索夫院士”号浮动核电站定于 2019 年交付使用，可为靠近海洋的边远地区、海岛及海上设施提供电力及海水淡化服务，是俄罗斯未来数十年有效利用北极巨大资源并建立军事基地的核心战略之一。未来，俄罗斯计划再建造6 座同样规格的浮动核电站。

朝鲜宣布不再进行核试验 4月20日，朝鲜最高领导人金正恩宣布，不再进行任何核试验和洲际弹道导弹发射，并废弃朝鲜北部核试验场。

美国举行“海王星猎鹰”演习验证核攻击协同战备能力 4月，美国举行了年度“海王星猎鹰”演习，10架B－2轰炸机和4架KC－10加油机参加了空中加油和核攻击协同演练，以保持和评估在接近实战环境下的战备能力。

5月

美国突然宣布退出伊核协议，重新启动对伊朗的制裁 5月初，美国总统特朗普突然宣布美国退出伊核协议，重新启动对伊朗的制裁，并向其他国家施压，要求一起对伊朗实施制裁。伊朗坚决反对，最高领袖哈梅内伊下令伊朗原子能组织开始进行准备工作。

俄罗斯开展冷战后最大规模弹道导弹齐射试验 5月22日，俄罗斯海军“北风之神”级战略核潜艇“尤里·多尔戈鲁基”号从俄罗斯西北部白海水域成功齐射4枚“布拉瓦”潜射弹道导弹，命中俄罗斯远东地区勘察加半岛库拉靶场预定目标。这是俄罗斯冷战后进行的最大规模弹道导弹齐射试验，检验了“北风之神”级战略核潜艇和“布拉瓦”导弹的战备能力。

美国确定核武器钚弹芯生产新方案 5月，美国核武器委员会和国家核军工管理局决定由洛斯阿拉莫斯国家实验室与南卡罗莱纳州萨凡纳河场址共同生产钚弹芯。洛斯阿拉莫斯国家实验室将保持每年生产30个钚弹芯，而萨凡纳河场址将每年生产50个钚弹芯。为了在2030年之前达到国防部每年生产80个钚弹芯的要求，国家核军工管理局建议将位于南卡罗莱纳州萨凡纳河的混合氧化物燃料制造设施的用途改为生产钚弹芯，同时最大限度地扩大新墨西哥州洛斯阿拉莫斯国家实验室的钚弹芯生产活动。

美国众议院采取行动废除与俄罗斯的核军控条约 5月，美国众议院军事委员会称已经采取措施，准备废除与俄罗斯签署的为期30年的《中程导弹条约》，并支持特朗普总统废除该协议。这项措施被写入2019财年国防开支法案草案中。一旦证实俄罗斯没有完全遵守该条约，美国将不再考虑条约的约束力。

俄罗斯计划再造6艘“北风之神”–A级战略核潜艇 5月23日，俄罗斯军工企业向媒体称，将在2023年后再建造6艘“北风之神”–A级战略核潜艇。未来俄罗斯海军将有14艘“北风之神”级战略核潜艇服役（其中“北风之神”–A级11艘）。俄罗斯海军的这一建造计划，将对其海基战略核力量的潜力与作战能力产生积极影响。

俄罗斯建设裂变聚变混合堆 5月，俄罗斯库尔恰托夫研究院宣布，俄罗斯正在库尔恰托夫研究院组装一座裂变聚变混合堆，并计划于2020年启动。裂变聚变混合堆结合了核聚变和核裂变的原理，本质上是一个托卡马克聚变堆和一个熔盐裂变堆。小型托卡马克装置产生的中子将被周围的熔盐包层捕获利用。该设施将使用钍作为燃料，它比铀更便宜且储量更丰富。此外，裂变聚变混合堆不需要超高温来产生能量，这与聚变堆是不同的。

6月

俄罗斯表示“萨尔马特”新型重型洲际弹道导弹即将列装 6月7日，普京在“直播连线”期间表示，新型重型洲际弹道导弹“萨尔马特”将于2020列装俄罗斯战略导弹部队。俄罗斯马基耶夫火箭设计局从2009年开始研发该型导弹，用以取代即将退役的SS–18“撒旦”洲际弹道导弹。RS–28弹道导弹将成为世界上最大的洲际弹道导弹。2018年7月18日，俄罗斯国防部完成了该型导弹的系列弹射试验工作。

瑞典斯德哥尔摩国际和平研究所发布全球核力量评估报告 6月18日，瑞典斯德哥尔摩国际和平研究所（SIPRI）发布报告，评估了全球核力量状况。全球核弹头有14465枚，比去年同期减少470枚，同比下降约3%。按照数量排序，俄罗斯6850枚，美国6450枚，法国300枚，英国215枚，巴勒斯坦140~150枚，印度130~140枚，以色列80枚，朝鲜10~20枚。美国和俄罗斯两国核武器占全球总数约92%。报告指出，有核国家核裁军“减存量”步伐缓慢，“提质量”的努力反而不断加大。

美国国家点火装置（NIF）打破聚变产额纪录 6月，国家点火装置进行的一项试验获得了1.9×10^{16}的聚变中子产额和54千焦的聚变能，是之前纪录的2倍。热点压力第一次超过3600亿个大气压（超过太阳中心压力）。此外，创纪录的产额意味着热点能量也因为聚变使α粒子实现创纪录地增加，随着内爆的进一步改进，最终可能实现聚变点火。

美国开发火星飞船核动力推进系统 6月，美国BWX技术公司与NASA签订概念设计合同，为前往火星的宇宙飞船设计核反应堆，相关工作在马歇尔航天中心开展。BWX技术公司的反应堆设计基于低浓铀燃料，比基于化学物质的设计更具优势，能量利用效率更高，且功率密度更大，将有助于缩短太空航行时间，降低宇航员受到的宇宙辐射。

德国Wendelstein 7-X仿星器创造新性能纪录 6月25日，德国马克斯·普朗克等离子体物理研究所通报了Wendelstein 7-X仿星器的新性能纪录。早期实验表明，反应堆中的等离子体达到了历史最高温度和密度。在新的测试中，通过对部件进行升级，该纪录再次被打破。最新的测试纪录为：Wendelstein 7-X仿星器离子温度达到约4000万℃。在先前的实验中，等离子体脉冲持续约6秒，现在增加到26秒。引入系统的热能也增加到75兆焦，约为早期实验的18倍。

7 月

美国政府向国会申请支持“高超声速常规打击武器”项目 7 月，美国政府在向国会提交的申请中，明确支持“常规快速打击”（CPS）项目滑翔飞行器改进并集成到“高超声速常规打击武器”（HCSW）上，并开展优化设计和原型机制造。

俄罗斯验证载“匕首”空射弹道导弹 7 月 19 日，俄罗斯进行了米格 -31K 战斗机与图 -22M3 战略轰炸机携载“匕首”导弹打击地面、海上目标联合演习。为验证在研或新列装的新型导弹战术技术性能，俄罗斯 2018 年内频繁进行导弹试射。俄罗斯携载“匕首”空射弹道导弹的米格 -31K 战斗机开始在里海空域进行战斗值班，完成 4 次作战运用演练。通过一系列试验，证明俄罗斯核武库中又增添了一款“杀手锏”武器。

印度耗资 170 亿美元建造国内首座核电园区 7 月，印度国务部长表示，库丹库拉姆 6 个核电机组建成总投入约为 170 亿美元，全部核电机组预计将在 2025—2026 年逐步建成。到 2026 年，库丹库拉姆将成为该国第一座核电园区。核电园区是指拥有多座大容量反应堆的场址，总装机容量不小于 6000 兆瓦。库丹库拉姆核电厂的 1 号机组和 2 号机组已全面投入运营。印度还计划在未来 7 年斥资 75 亿美元建成另外 7 座核反应堆。

美国劳伦斯利弗莫尔国家实验室开展核爆炸化学性质研究 7 月，美国劳伦斯利弗莫尔国家实验室宣布，已开发出一种等离子体流反应器，用于试验模拟爆炸后火球的后期冷却过程，这种反应器可以帮助研究人员更好地理解化学反应与微物理过程（如成核、凝结、生长等）的相互联系。该等离子体流反应器能够监测铁、铝、铀的气相化学演化，这三种金属的氧化物具有非常明显的挥发性。

美国洛斯阿拉莫斯国家实验室钚存量增加 7月中旬，美国国家核军工管理局正式公布洛斯阿拉莫斯国家实验室增加钚存量的环境评估结果，结果允许洛斯阿拉莫斯一栋建筑的容许放射性“危险物质”库存从38.6克“钚等效材料”增至400克，该设施随之从“辐射设施”转变为“Ⅲ类危害核设施”。国家核军工管理局坚称，这一改变与洛斯阿拉莫斯国家实验室钚弹芯生产计划的扩大没有“直接”关系，提高该建筑的容许放射性“危险物质存量是确保美国国家核军工管理局维护和管理国家核储备能力所必须的”。

英国国防部拒绝透露“三叉戟”核潜艇及核武器系统年度安全评级 7月，英国国防部以“国家安全”为由，拒绝透露克莱德海军基地“三叉戟”核武器系统和核动力潜艇的官方安全评级。此前10年，国防部一直发布年度评级报告及证明合理性的报告。专家指责国防部试图逃避公众监督，掩盖“错误和无能”，并危及公共安全。但国防部坚称，保密并没有妨碍对“三叉戟”武器系统和核潜艇进行独立评估，“三叉戟”核潜艇及核武器系统符合“所有必要的标准”。

8月

印度国产核潜艇成功试射K－15潜射弹道导弹，海基核力量正式形成 印度于8月11日和12日运用国产核潜艇“歼敌者”号发射3枚K－15潜射弹道导弹，并取得“巨大成功”。其中，8月11日进行了两次成功测试，12日的第三次测试以全作战模式进行。“歼敌者”号从水下20米发射导弹，“以接近零圆概率误差的精度命中目标”。K－15导弹可携带核弹头，打击距离约700千米。“歼敌者”号核潜艇于2016年开始服役，是印度海军核动力潜艇舰队的首艇。这次验收试验标志着K－15导弹与

“歼敌者”核潜艇形成“弹艇合一”的作战能力，意味着印度海基核力量正式形成。

英国核弹头装配设施面临提升安全性或停运的挑战 8 月，英国核监管部门下令立即对原子武器研究所的英国核弹头装配设施进行安全改造。但即使安全改造完成，该装配设施的运行也不能持续很长时间；如没有在降低安全风险方面取得足够进展，那么该设施的运行可能立刻停运，此举可能对英国潜艇舰队的核武器装配产生严重后果。监管部门还指出，伯克郡场址和奥尔德马斯顿场址目前仍然“在不确定的情况下，使用老化生产设备进行现代标准的配件替换工作”。

美国橡树岭国家实验室完成氘原子核的量子计算 8 月，美国橡树岭国家实验室的核物理学家和量子信息科学家开展了一项合作，使用开源软件和云访问量子处理器首次完成了氘原子核的量子计算。为实现这一目标，科学家采用一个简单而真实的氘核模型，并对计算过程进行了调整。量子计算将氘核的结合能的计算精度提高到几个百分点以内，这成为在量子处理器单元上进行可扩展核结构计算的第一步。目前，此项工作已得到美国能源部、美国科学办公室和美国核物理办公室的支持。最新研究表明，核物理中一个简单而又现实的问题，如氘结合能的计算，可以通过在现有量子装置上进行量子计算来解决。

美国宣布将 20 吨“稀释”高浓铀用于生产武器用氚 8 月，美国能源部国家核军工管理局（NNSA）和田纳西峡谷管理局宣布，将 20 吨高浓铀“稀释”为低浓铀用以生产氚。根据国家核军工管理局的报告，要“稀释”的高浓铀是由 Y－12 国家安全联合体加工、包装和装运的。Y－12 国家安全联合体是美国高浓铀的主要储存设施，这些高浓铀可用于核武器和海军反应堆。能源部决定允许国家核军工管理局继续转变能源部库存高浓铀的用途，以支持美国核军工。

俄罗斯开发出下一代核潜艇用“永久”反应堆 8月，俄罗斯原子能国家公司（Rostom）下属阿夫里坎托夫设计局表示，已经开发并成功测试了一种“永久”反应堆，可为俄罗斯最新核潜艇的整个寿命周期中提供动力。设计局已对“活性区”（反应堆的核心）的新设计进行了测试，这种设计使反应堆效率提高，新型反应堆将不再需要换料和大修。

美国劳伦斯利弗莫尔实验室利用深度学习算法进行核不扩散分析 8月，美国劳伦斯利弗莫尔国家实验室称，神经网络技术可以帮助核不扩散分析人员防止“无赖国家”或邪恶势力制造核武器。为了将核不扩散分析的规模扩展到计算机自动处理数据的量级，该实验室正在开发从大量数据中筛选出核扩散活动证据的新的深度学习和高性能计算算法。该项目的核心是劳伦斯利弗莫尔国家实验室的深度学习框架。该框架一旦完全实现，分析人员就可快速地检索出以前没有标记的与铀浓缩相关的图像和视频。

9月

美国计划开发新型核巡航导弹 美国空军宣布研发新型核巡航导弹，计划于2022年开始启动，2030年前交付使用。

美国通过《核能创新能力法案》 9月，美国众议院通过《核能创新能力法案》。该法案将指导能源部优先考虑与私人创新者建立伙伴关系，测试和展示先进反应堆概念。该法案授权建立一个国家反应堆创新中心；还指示能源部开发一种基于反应堆的快中子源，用于测试先进反应堆的燃料和材料。

美国首枚制导型核重力炸弹B61－12设计最终定型 9月，美国B61－

12 核重力炸弹开发计划通过系统最终设计评审，标志着炸弹设计最终定型。在最终设计评审前，该计划开展了一系列研发活动和生产准备活动。6 月，完成了质量鉴定测试，检验了该型炸弹的非核能力及飞机运载能力。10 月，获得 B61 – 12 次级罐装子组件的鉴定评价许可，后续将进行首件产品的生产授权。

10 月

俄罗斯成功进行兆瓦级核动力装置关键部件液滴辐射器地面测试 10 月，俄罗斯对兆瓦级核动力装置的关键部件液滴辐射器成功进行了地面测试，测试结果满足技术指标要求，表明俄罗斯兆瓦级核动力装置的关键部件研制取得重大进展。

11 月

印度首艘国产弹道导弹核潜艇首次完成威慑巡逻任务 11 月，印度首艘国产弹道导弹核潜艇“歼敌者”号首次完成为期 1 个月的威慑巡逻任务，标志着印度的核打击力量正式进入“三位一体”时代。

美国国会发布报告要求发展包括低当量核武器在内的新作战概念来实现战略优势 11 月，美国国会发布国防战略评估报告《支持共同防御》指出：“如果不依靠核武器，美国未来将在与中俄同时进行一场大规模冲突和一场局部战争落败。因此，美国必须发展新的作战概念来实现战略优势，包括研究侵略性国家在避免引起美国大规模核响应的模式下，利用核或其他战略武器进行作战的能力。”低当量核武器无疑能为美国应对上述冲突场景提供重要的新作战概念支撑。

12 月

伊朗宣布计划重启有争议的核计划 12 月 13 日，伊朗宣布即将重新启动有争议的核计划，正努力将铀浓缩生产能力提高到《全面联合行动计划》所禁止的极限水平。同时，伊朗继续大力发展弹道导弹技术，谋求一些大国和国际组织对其民用核能力的认可。